内蒙古沙漠沙地治理技术与模式

黄海广　闫　婷　张胜男　张　雷
闫德仁　胡永宁　吴　波　等　编著

中国农业科学技术出版社

图书在版编目(CIP)数据

内蒙古沙漠沙地治理技术与模式 / 黄海广等编著 . --北京：中国农业科学技术出版社，2024. 5
ISBN 978-7-5116-6838-7

Ⅰ. ①内… Ⅱ. ①黄… Ⅲ. ①沙漠治理-内蒙古 Ⅳ. ①S156. 5

中国国家版本馆 CIP 数据核字(2024)第 102146 号

责任编辑 李冠桥
责任校对 王 彦
责任印制 姜义伟 王思文

出 版 者 中国农业科学技术出版社
北京市中关村南大街 12 号 邮编：100081
电 话 (010) 82106632 (编辑室) (010) 82106624 (发行部)
(010) 82109709 (读者服务部)
网 址 https://castp.caas.cn
经 销 者 各地新华书店
印 刷 者 北京捷迅佳彩印刷有限公司
开 本 170 mm×240 mm 1/16
印 张 12. 25
字 数 218 千字
版 次 2024 年 5 月第 1 版 2024 年 5 月第 1 次印刷
定 价 60. 00 元

《内蒙古沙漠沙地治理技术与模式》编著委员会

主 编 著 黄海广 闫 婷 张胜男 张 雷 闫德仁
胡永宁 吴 波

副主编著 杨制国 高海燕 包雪源 刘 阳 许宏斌
王春颖 胡小龙 李兰花

编著人员（按姓氏笔画排序）

王 扬 王 欣 王 瑗 王 颖 王春颖
王荣学 王彦琦 尹晓伟 左鸿飞 包文泉
包敖民 包雪源 刑冠颖 曲 娜 华佳文
刘 阳 刘 源 刘 静 刘东伟 刘湘杰
刘婷岩 闫 敏 闫 婷 闫德仁 许宏斌
孙 斌 孙玉玲 孙平平 苏伦高娃
杜 敏 杨 荣 杨制国 杨艳成 杨善民
李 旺 李双立 李正男 李兰花 李俊文
李俊霞 李雪华 吴 昊 吴 波 吴 彪
吴立国 吴秀花 吴彩霞 何子兵 余海滨
宋 坤 张 利 张 雷 张 慧 张 磊
张金旺 张学军 张胜男 张海东 阿丽日苏
陈世苹 周建波 宝 虎 郝 蕾 胡小龙
胡永宁 胡志健 姜 楠 秦永利 聂建文
贾瑞庭 高 亮 高 颖 高君亮 高海燕
郭立平 唐月坤 唐国栋 凌秀秀 黄海广
常 艳 寇 欣 董大伟 董秉兴 董佳奇
韩二牛 韩彦隆 焦慧芬 蒙仲举 解云虎
蔡丽艳 赛 克 滕思翰 薛 博 穆喜云
魏一凡 魏亚娟

资助项目及科研平台

1. 国家重点研发计划课题“浑善达克–科尔沁沙地及周边地区沙化土地近自然生态修复技术研究与示范”（2023YFF1305301）

2. 内蒙古自治区科技计划项目“乌珠穆沁沙地生态脆弱区植被恢复与重建技术研究”（2020GG0077）

3. 内蒙古自治区科技计划项目“浑善达克沙地疏林型固沙植被营建技术及示范”（2021GG0031）

4. 内蒙古自治区科技计划项目“黄河沿岸流动沙丘固定及风沙阻断技术研究与示范”（2022YFHH0076）

5. 内蒙古自治区科技计划项目“毛乌素沙地治理与湖泊保护协同调控技术集成与示范”（2023YFHH0111）

6. “三北”地区林草部门联合攻关科研项目“半干旱区沙化土地综合治理关键技术研究与示范”

7. 内蒙古多伦浑善达克沙地生态系统定位观测研究站

8. 全国荒漠化和沙化典型地区多伦定位监测站

内容提要

内蒙古地处祖国北疆，荒漠化土地分布广泛。几十年来，内蒙古防沙治沙工作取得明显成绩，生态状况实现“整体恶化得到遏制、局部好转”的历史性转变，荒漠化和沙化土地面积和程度实现连续 4 个监测期持续“双减轻”。本书依托编著者多年的研究结果，并查阅相关文献资料，重点从内蒙古沙漠沙地概况、沙漠沙地治理技术原理、沙漠沙地治理典型技术与模式、沙化耕地和线型沙害治理技术模式、荒漠生态系统功能等方面，总结了内蒙古几十年研发和应用的防沙治沙技术与模式，集中展示了沙漠沙地治理技术成果。

本书可供从事沙漠治理事业的科技人员、管理人员以及沙漠治理等相关专业的教师、学生等参考。

前 言

土地荒漠化被认为是威胁人类家园及区域生态安全的重要环境问题之一，是全人类共同的敌人。世界70%的土地因人类活动而改变，全球有100多个国家和地区、10亿多人口、约占陆地面积1/3的范围受到土地荒漠化的威胁，每年因土地荒漠化造成的经济损失高达420亿美元。因此，防治荒漠化与土地退化不是任何一个国家和地区可以单独面对的世界性难题，各国必须携手努力，加强合作，共享经验，应对荒漠化挑战。

我国沙漠化防治工作始于20世纪50年代。经过半个多世纪的研究实践和积累，取得了丰富的经验，创造了许多先进、实用技术，处于国际领先地位。

内蒙古地处祖国北疆，横跨东北、华北和西北，东西直线距离2400km，年平均降雨37~486mm。东西分别为湿润区、半干旱区、干旱区和极端干旱区气候。荒漠化土地分布广泛，境内分布于巴丹吉林沙漠、腾格里沙漠、乌兰布和沙漠、库布齐沙漠和巴音温都尔沙漠，有呼伦贝尔沙地、科尔沁沙地、浑善达克沙地、毛乌素沙地、乌珠穆沁沙地。根据内蒙古第六次荒漠化和沙化土地监测结果（2019年），内蒙古12个盟市83个旗县区荒漠化土地总面积5931.06万hm^2，占内蒙古总土地面积50.14%。内蒙古12个盟市92个旗县区沙化土地总面积3981.53万hm^2，占内蒙古总土地面积33.66%。

几十年来，在各级党委政府的领导下，内蒙古各族人民共同努力，开展了大规模的防沙治沙工程建设，并有效地防止了区域沙漠化土地扩展趋势，防沙治沙工作取得明显成绩，生态状况实现“整体恶化得到遏制、局部好转”的历史性转变，逐步形成一道抵御风沙、保持水土、护农促牧的“绿色长城”。

2023年6月，习近平总书记在内蒙古巴彦淖尔市考察，并主持召开加强荒漠化综合防治和推进“三北”等重点生态工程建设座谈会时指出，防沙治沙是一个滚石上山的过程、是一个长期的历史任务；坚持以水定绿，科学选择植被恢复模式，合理配置林草植被类型和密度，坚持乔灌草相结合，因地制宜、科学推广应用行之有效的治理模式。内蒙古作为全国防沙治沙和“三北”工程建设的重点省区之一，如何扎实推进山水林田湖草沙一体化保护和系统治理，科学构筑内蒙古沙漠生态系统稳定、功能质量不断提升的北方重要生态安全屏障是新时代林业工作面临的新任务、新挑战。

综上所述，本书依托编著者多年的研究结果，并查阅相关文献资料，重点从内蒙古沙漠沙地分布、沙漠治理技术原理、治理技术与模式、防沙治沙成效及评价等方面共 6 章 19 节，总结了内蒙古几十年研发和应用的防沙治沙技术模式，集中展示了沙漠沙地治理技术成果，希望对科学选择植被恢复模式，坚持乔灌草相结合，因地制宜、科学推广应用行之有效的治理模式，促进防沙治沙工作、科学改造和合理利用沙漠具有参考作用。

由于编著者水平或查阅的资料有限，在编写过程中难免带有作者的偏见或不成熟观点，希望读者谅解和批评指正。对所引并标明文献的作者表示真诚的感谢。同时，由于查阅的文献较多，或属于二次引用文献，所以也对没有标明文献的作者们表示真诚的谢意。

编著者

2023 年 12 月于呼和浩特

目　　录

目　录

第一章　内蒙古沙漠沙地概况

沙漠是在纯自然因素作用下，形成于地质历史时期的产物。当进入到人类历史时期之后，沙漠的演变、发展就成为自然和人为双重因素作用下的复杂过程，并逐渐对人们的生产、生活等发生着直接和间接的深刻影响。人类为了生存和发展，一方面与沙漠、干旱进行着艰苦不懈的斗争，另一方面也产生了“人为沙漠”。

土地荒漠化作为全球性的生态环境问题，在世界各大洲都有分布（表1-1）。全球有100多个国家和地区、10亿多人口、约占陆地面积1/3的范围受到土地荒漠化的威胁。

表1-1　世界部分国家和地区荒漠化土地分布　　单位：$\times 10^3 km^2$

国家/地区	旱地面积	荒漠化面积	荒漠化程度			
			轻度	中度	重度	极度
全球	51692	27455	4273	4703	1301	75
非洲	12860	10000	1180	1272	707	35
北美洲	7324	795	134	588	73	—
南美洲	5160	791	418	311	62	—
大洋洲	6633	875	836	24	11	44
欧洲	2997	994	138	807	18	31
亚洲	16718	14000	1567	1701	430	5
其中：印度	2551	1074	—	—	—	—
中国	3327	2622	915	641	1030	—

注：资料来源中国荒漠化公约执委会（CCICCD），执行《联合国防治荒漠化公约》亚洲论坛报告集，1996。

中国是受土地荒漠化影响比较严重的国家。按照Thornthwaite（桑思韦特）湿润指数法确定的气候区，我国可能发生荒漠化土地总面积331.7万km^2

（已变成荒漠化土地面积 267.4 万 km^2），主要分布在 4 个气候区（表 1-2）。

表 1-2　我国沙漠化土地气候类型区划分指标（MI）

气候类型区	湿润指数
干旱区	MI<0.20
半干旱区	0.20≤MI<0.50
亚湿润干旱区	0.50≤MI<0.65
湿润区	MI≥0.65

干旱区土地沙漠化总面积 142.7 万 km^2，分布在 5 个省（区），91 个县（市、旗）。主要分布在天山山脉以南，帕米尔高原以东，贺兰山以西，昆仑山脉、祁连山脉以北以及青藏高原西北部的广大地区。

半干旱区土地沙漠化总面积 113.9 万 km^2，有 7 个省（区），141 个县（市、旗）。主要分布在东部的典型草原和荒漠草原，进入青藏高原后变为高寒草原和高寒荒漠。新疆北部大部分属于半干旱区。

亚湿润干旱区土地沙漠化总面积 75.1 万 km^2，主要分布在北起大兴安岭西部的呼伦贝尔高原，其东部界线接近于典型草原与草甸草原之间的界线，穿过黄土高原北部后，沿青藏高原北缘向西，然后向南绕过柴达木盆地，抵达青藏高原西南部等 18 个省（区、市），377 个县（市、旗），另外，在东部和西南部的西辽河流域、海河平原北部、太行山山前地带、宣化、怀来和大同盆地、忻定盆地、太原盆地等以及横断山区的干热河谷、藏南谷地和海南岛西部分布有 14 个分散的岛状区域。

中国沙漠位于亚洲中部的内陆地区，由于受湿润气候的影响较少，特别是青藏高原及其周围山地的强烈隆起，严重阻碍季风的流通，使青藏高原北部的塔里木盆地及阿拉善等地区成为冬季寒冷干燥、夏季炎热少雨的温带及暖温带干旱区，这一特征构成了我国西北沙漠形成的主要气候条件。另外，下伏地层所提供的河流冲积物、冲积湖积物、洪积冲积物和基岩风化的残积物则为沙漠形成提供了丰富的沙源。所以中国沙漠多深居内陆，在贺兰山以西比较集中，占全国沙漠总面积的 90%左右（表 1-3）。

表 1-3　中国主要沙漠、沙地与分布

沙漠名称	总面积（万 km^2）	所涉及省（区）
塔克拉玛干沙漠	35.73	新疆
古尔班通古特沙漠	5.68	新疆
库姆达格沙漠	2.21	新疆、甘肃

（续表）

沙漠名称	总面积（万 km^2）	所涉及省（区）
柴达木沙漠	1.70	青海
巴丹吉林沙漠	5.50	内蒙古、甘肃
腾格里沙漠	4.19	内蒙古、甘肃、宁夏
乌兰布和沙漠	0.91	内蒙古
库布齐沙漠	1.39	内蒙古
毛乌素沙地	5.55	内蒙古、陕西、宁夏
浑善达克沙地	3.96	内蒙古、河北
科尔沁沙地	6.36	内蒙古、吉林、辽宁
呼伦贝尔沙地	0.74	内蒙古

数据来源：2009 年科学出版社出版的《中国荒漠化和沙化土地图集》。

第一节　沙漠分布

沙漠是干旱气候的产物，具有地带性分布特征，集中分布在年平均降雨小于 250mm 的干旱和极干旱区。内蒙古境内分布于巴丹吉林沙漠、腾格里沙漠、乌兰布和沙漠、库布齐沙漠和巴音温都尔沙漠。

一、巴丹吉林沙漠

巴丹吉林沙漠是中国第三大沙漠，世界第四大沙漠，也是世界最高大沙丘的所在地。位于内蒙古高原的西南边缘，处于三面环山的巨型盆地内，地势由南向北、由东向西逐渐降低，西北部较开阔。从东北到东部依次为阿尔腾山、宗乃山、雅布赖山，南和西南邻北大山，西接额济纳河平原的东部戈壁，北连阿拉善中部戈壁区的拐子湖。行政区包括内蒙古额济纳旗和阿拉善右旗的大部分地区。自然区属温带干旱和极干旱区。

巴丹吉林沙漠主要发育有新月形沙丘、新月形沙丘链、复合型新月形沙垄，以及星状沙丘等沙丘地貌形态。新月形沙丘及沙丘链主要分布在沙漠的西北部，复合型新月形沙垄分布在沙漠腹地和南部，星状沙丘则主要分布在沙漠南部地区。

巴丹吉林沙漠境内绝大部分被沙物质占据，其特征为沙山沙丘、风蚀洼地、剥蚀残丘、湖海盆地和平坦谷地交错分布。流动沙丘占沙漠总面积 83%，固定和半固定沙丘占 17%，复合型沙山、新月形沙垄或综合型新月形沙丘垄占沙漠总面积的61%~68%。

复合型沙山相对高度在100m以上并有次一级沙丘覆盖其上的高大沙丘，是巴丹吉林沙漠特有的沙丘形态，占据了沙漠的绝大部分，集中分布在中部。沙山高大密集，形态复杂，起伏悬殊。一般高200~300m，最高可达500m。按沙山形态分为3种：第一种是沙山迎风坡具有层层叠置的沙丘，主要有沙丘链、沙垄和格状沙丘等；背风坡高大陡峻，沙山长度一般5~10km，宽1~3km，具明显的链状曲弧体，中间高两端低。第二种是迎风坡上无明显叠置沙丘链的巨大沙山。第三种是角锥体状的金字塔形沙山。这3种沙丘类型的独特的形态特征对研究我国沙丘类型的形成发育具有典型的科研价值。

二、腾格里沙漠

腾格里沙漠是中国第四个大沙漠、内蒙古第二大沙漠。在蒙语里，腾格里是“天”，在这里有“天上掉下来”或“天上飞来”的意思，可以理解为天上掉下来的沙漠。行政区划大部分归内蒙古自治区阿拉善盟，南部归甘肃省白银市，西部归武威地区，东南伸入宁夏回族自治区中卫市。西北隔雅布赖山与巴丹吉林沙漠相望，东北与乌兰布和沙漠相邻，南和西南伸入到宁夏、甘肃两省（区）。

腾格里沙漠外围被群山环绕，南有长岭山、通湖山等，东有贺兰山，北有巴音乌拉山，西北有雅布赖山。地势由西向东逐渐降低，在西端榆树湖海拔1468m，到东端腰坝海拔降1286m。

腾格里沙漠主要由流动沙丘、半固定沙丘和固定沙丘类型组成。其中，流动沙丘占整个沙漠面积的70%，固定和半固定沙丘占整个沙漠面积26%左右。固定、半固定沙丘一般散布在流动沙丘之间，但在沙漠的东北和西南边缘呈带状或片状分布，形态类型以新月形沙丘链、格状沙丘、梁窝状沙丘、沙堆、线形沙丘、星状沙丘（沙山）、复合型链状沙山和综合型星链状沙山为主。整个沙丘形态有愈向纵深沙丘形态愈复杂的规律。

（1）从贺兰山到腾格里沙漠，自然景观有明显的地带性变化。山前洪积平原为半荒漠戈壁草原，洪积扇前缘地下水溢出带有盐渍沼泽，进入沙区后，外围先为半固定平缓沙地和波状沙地。流沙地段外围沙丘形态以新月形沙丘链发展而来的横向沙垄为主，向里高度增大，两新月形沙丘接合部的副梁增长，向格状沙丘发展。内部为较为典型的格状沙丘。

（2）沙漠内部沙丘、湖盆、山地、残丘及平原等交错分布。其中沙丘占71%，湖盆草滩占7%，山地残丘及平地占22%。即使是沙丘，其中又有7%为固定及半固定沙丘，93%为流动沙丘。流动沙丘以格状沙丘及格状沙丘链为主，一般高 10~20m，也有一些复合型沙丘链等。高大沙丘主要分布在沙漠中心偏东北部，高度可达 50~100m，沙丘链则分布在边缘地区。

（3）除北部及西南部外，沙漠内部广泛分布有湖盆，大小湖盆达 422 个之多，它与巴丹吉林沙漠中的内陆小湖（海子）不同，大部分为无积水或积水面积很小的草湖，根据分布特点可以分为若干类型。

沙漠中南部湖盆呈有规则的南北走向平行排列，间隔以宽 3~5km 不等的流动沙丘带，自东而西有头道湖、二道湖、三道湖等，它们大部是在原有岛山分割的第三纪湖盆基础上逐渐干涸退缩而形成的残留湖。这些湖盆一般延伸长 20~30km。虽然腾格里沙漠的流动沙丘所占面积较多，但因为是被固定沙地、半固定沙地、湖盆及山地残丘等所分割，对沙漠治理极为有利。

三、乌兰布和沙漠

乌兰布和，蒙语“红色的公牛”。从形态上看恰似一头在黄河边畅饮的公牛。乌兰布和沙漠呈东北—西南向分布于河套平原的西南部，介于黄河、狼山和巴音乌拉山之间。地形呈四周高中间低，整个沙漠自东南向西北逐渐降低，吉兰泰盐湖是该区的最低处，海拔1030m。

乌兰布和沙漠北部延伸到狼山脚下，东依黄河与鄂尔多斯隔河相望，东北接河套平原，南止乌青铁路。行政归属内蒙古巴彦淖尔市、乌海市和阿拉善盟。

在沙漠的东南部，即在磴口—敖伦布拉格—吉兰泰一线的东南，景观类型以流动沙丘为主。该线以西即沙漠的西部为古湖积平原，现今仍保留着湖泊的遗迹，现开采的吉兰泰盐湖为我国著名的盐湖之一，景观类型为固定及半固定的白刺灌丛沙堆和具有梭梭生长的沙垄，风蚀和盐渍化强烈。在磴口、沙拉井一线以北的区域是古代黄河冲积平原，河床自西向东逐步摆动，沙漠中广泛分布的东南西北走向的古河床遗迹，这些遗迹表现为现代沙漠中呈曲带状断续分布的低洼地、低湿地和湖泊。丘间地广泛分布黏土，为这一地区的农业开发提供了良好的条件。

乌兰布和沙漠流动沙丘占 39%，半固定沙丘占 31%，固定沙丘占 30%。流动沙丘主要集中在南段和中段，呈新月形沙丘链、格状新月形沙丘和新月形沙山形状，一般高 10~30m，密集中心可达 50~100m，边缘地区也有低于 10m 的。固定半固定沙丘呈堆状，多分布在沙漠西部。沙漠南部沙丘密集，北部沙丘稀疏，风沙覆盖在湖积平原、黄河冲积平原及基岩剥蚀残丘上。沙源主要来自河、湖相淤积物的吹蚀堆积。

四、库布齐沙漠

库布齐沙漠位于鄂尔多斯台地北部边缘的黄河阶地上，海拔高度1000~1400m，地势由北向南呈阶梯状抬升。源于鄂尔多斯高台地上的河流，将沙漠切割成几块。库布齐沙漠的基底地形，主要是黄河Ⅰ、Ⅱ、Ⅲ级阶地。由于下伏堆积物厚度、组成物质和胶结程度以及水分条件的不同，所形成的沙丘高度和沙地厚度也不相同。河漫滩上分布的新月形沙丘和沙丘链，一般高在3m；Ⅰ级阶地向Ⅱ级阶地过渡的斜坡上沙丘高大，一般在10~20m，高者可达25m；Ⅱ级阶地向Ⅲ级阶地过渡区有复合型沙丘群，高达50~60m；Ⅲ级阶地上多缓起伏沙地。

库布齐沙漠的沙丘类型多样，中、西部多为格状沙丘，一般高10~15m，河漫滩地带多新月形沙丘和沙丘链。缓起伏固定沙地和灌丛沙地分布于流动沙丘边缘地下水条件较好的地带，相对起伏在3.0m以下。沙漠中流沙面积占65.24%。因此，流动沙丘是整个沙漠的主要景观类型。

由于库布齐沙漠自然条件的差异，库布齐沙漠又可分为西、中、东三段。

西段分布于杭锦旗毛不拉孔兑以西，属于荒漠化草原地带。

沙漠的中段指达拉特旗的呼斯太沟以西，杭锦旗毛布拉孔兑以东的地区。属于半干旱草原栗钙土地带。

东段西起呼斯太沟，东抵黄河。沙地覆盖在黄河Ⅰ、Ⅱ级阶地及滩地之上。流沙下伏地层，除河流沙砾石层之外，大部分为新第三纪红土。

五、巴音温都尔沙漠

巴音温都尔沙漠亦称狼山北部沙漠，由本巴台、海里、白音查干和雅玛雷克沙漠组成。地势由南向北降低，到中蒙边境则为海拔1100~1200m的连绵丘陵。沙漠以带状、片状分布于狼山北部低山残丘的山间盆地或低平地。沙丘下覆地貌为冲积洪积沙砾质平地和微有残丘起伏的剥蚀戈壁。

（1）本巴台沙漠位于内蒙古乌拉特后旗西南部，是狼山北部沙漠的组成之一。沙漠呈西北-东南走向的长方形。沙漠西北部的博克蒂湖盆，面积约750hm^2，周围有1.2万hm^2的梭梭林。本巴台沙漠处于荒漠东部边缘，自然条件渐好，植被类型较多，盖度明显增大，是乌拉特后旗重要的牧业基地。

（2）海里沙漠位于内蒙古乌拉特后旗西北部。其西北部为南北走向的狭长沙带，宽4~6km，向北延伸至蒙古国境内；东南部沙带呈北窄南宽的三角形，北端宽约4km，南部宽度达45km。沙丘形态主要为新月形沙丘链。海里沙漠处于荒漠向草原过渡地带，生态环境明显好转。保护现有植被，提高家畜品质，对发展林牧业生产具有积极意义。

(3) 白音查干沙漠位于内蒙古乌拉特后旗北部。沙漠是呈东北-西南走向的长条形沙带，以固定、半固定沙垄和白刺沙堆为主。长约 90km，宽 10～15km，固定、半固定沙丘占沙漠面积的 78%。

(4) 雅玛雷克沙漠分布于内蒙古狼山的西南部。位于阿拉善高平原的东北部，总的地势自东向西逐渐降低，地形起伏不平，分布有剥蚀残丘及桌状平台，地表覆盖沙砾石层。沙漠北部有萨尔扎山，东南为巴音乌拉山，西部较窄，并延伸至宗乃山北部与巴丹吉林沙漠相连。东部较宽，被狼山所截，构成东西长约 300km，南北宽 10～30km，呈"Y"形的沙带，风积沙层分布较广，厚度达 5～15m。流动沙丘约占沙漠总面积的 80%，固定、半固定沙丘占 20%。沙丘形态以新月形链状、垄状为主，其次为波状沙地。沙丘高 5～10m，也有小于 5m 和大于 10m 的，最高达 50m。该沙漠由沙质、砾质、石质等荒漠构成了特殊的自然景观。地质构造类似阿拉善高平原的乌兰布和沙漠。

第二节　沙地分布

沙地作为地球陆地景观环境的重要组成类型之一，遍布于地球陆地各个生物气候带。沙地的概念是泛指沙丘地、平沙地，它不包含地带性的含义，不论在干旱地区或者在湿润地区的沙丘地则通称沙地。在内蒙古亚湿润干旱区和半干旱区，主要分布有毛乌素沙地、浑善达克沙地、科尔沁沙地、呼伦贝尔沙地、乌珠穆沁沙地五大沙地。

一、毛乌素沙地

毛乌素沙地是内蒙古自治区的第二大沙地，位于内蒙古自治区鄂尔多斯高原的南部和黄土高原的北部区域。行政区包括内蒙古鄂尔多斯市伊金霍洛旗、乌审旗、鄂托克旗；陕西省神木、榆林、横山、靖边、定边和佳县的西北、宁夏回族自治区盐池县东北部。沙地的中部和西北部基底以砂岩为主，东部和南部边缘覆盖在黄土丘陵上。其地表形态主要有梁地和滩地相间分布、沙丘与滩地相间分布。梁地大多为砂岩构成，上覆不同厚度的沙层，少有裸露。滩地为古冲积层和湖河相沉积物，厚度为几十米至百余米。

毛乌素沙地处于温带半干旱与干旱区较优越的过渡地带。植被以油蒿和柳湾林为特色的沙生和草甸植被类型为主。在固定沙丘主要以含杂草类的油蒿群落为主，盖度 40%～50%，构成了该区的一大特色。毛乌素沙地的沙源可分为两种基本成因类型。其一，沙物质来源主要为移动范围不大的原地沙土类物质，即就地起沙型；其二，沙漠化物质来源于邻近区域的沙土类物质，即风沙侵入型。就地起沙型沙漠化是以沙物质的重新活化为主，风沙侵入型土地沙漠化则是在前者基础上，风力作用使得沙漠化范围进一步扩大所造成。

二、浑善达克沙地

“浑善达克”是蒙古语，直译为“孤独的两岁公马”。浑善达克沙地位于内蒙古锡林郭勒高原中部，东起大兴安岭南段西麓达里诺尔，向西延伸到集二线铁路沿线。行政区包括内蒙古自治区锡林郭勒盟二连浩特市、苏尼特左旗、苏尼特右旗、阿巴嘎旗、锡林浩特市、镶黄旗、正镶白旗、正蓝旗、多伦县；内蒙古自治区赤峰市克什克腾旗以及河北省围场县。

浑善达克沙地主要覆盖在由沙砾层和沙层组成的第三纪构造剥蚀平原上。沙砾层、沙层及第四纪沙质湖相沉积物是内蒙古丰富的沙物质，并在长期风力的吹蚀搬运作用下，构成了现代的沙地地貌。

浑善达克沙地风沙地貌主要由不同形态的沙丘和相连的沙丘链组成。流动沙丘的主要形态是新月形沙丘及沙丘链，并呈斑块状分布于半固定沙丘之间，易于因地制宜，分片治理。浑善达克沙地东段沙丘多呈浑圆状，沙丘间甸子滩地宽阔；西段沙丘多为岗阜状或垄状，沙丘间甸子地窄小。浑善达克沙地的固定沙丘形态多为沙垄及沙垄-梁窝状沙丘。一般多呈西北西—东南东方向排列，沙垄间常有同相延伸的平坦沙地和湖盆洼地，两者呈有规律地交替重现。半固定沙丘则呈斑点状散布在固定沙丘之间。由于受强烈的风蚀作用和人为活动的影响，往往在迎风面普遍形成一个圆形的风蚀窝，并出现裸露的沙面，成为该沙地半固定沙丘的一个显著特征，它可作为沙丘活化的重要标志。

浑善达克沙地的地理位置在中纬度西风带，属中温带半干旱、干旱大陆性季风气候区。西北部向干旱荒漠草原转变，东南部向半湿润森林灌木草原递变。天然植被以草原植被为主，针阔叶乔木、榆树疏林等超地带性植被明显。沙地榆树结构独特，分布不均，多呈 3~5 株丛生或团块状分布。

三、科尔沁沙地

位于内蒙古自治区东南部，地处东北平原向内蒙古高原的过渡地带。东到吉林省双辽市，西至巴林桥，南北介于燕山北部黄土丘陵和大兴安岭东麓丘陵之间。行政区包括赤峰市的巴林左旗、巴林右旗、阿鲁科尔沁旗、翁牛特旗、敖汉旗，通辽市的科尔沁区、扎鲁特旗、霍林河市、开鲁县、库伦旗、奈曼旗、科尔沁左翼中旗和科尔沁左翼后旗，吉林省的通榆县和双辽市以及辽宁省的彰武县与康平县等地区。

科尔沁沙地由古松辽大湖的西南部演变而来，因此地下有深厚的第四纪湖相沉积层。地貌类型包括沙丘、缓起伏沙地、小片甸子地及冲积平原。沙丘相对高度10m左右，高者可达20~30m，平缓沙地相对高度3~5m。在沙丘沙地中，固定与半固定沙丘沙地占90%，流动沙丘沙地占10%。科尔沁沙地植被以疏林草原为主要特征，是东北平原湿润半湿润区针阔混交林向内蒙古高原干草原的过渡型。

四、呼伦贝尔沙地

呼伦湖和贝尔湖是我国和蒙古国边境地区的两个著名湖泊，附近植被茂密，以草甸化草原为主，是我国最有名的天然牧场，因两个湖泊而有了草原的名字，在草原上零星分布的沙地也就被称作呼伦贝尔沙地。

呼伦贝尔沙地位于内蒙古自治区呼伦贝尔市西部，大兴安岭中段西麓，呼伦贝尔草原腹地，东部为大兴安岭西麓丘陵漫岗，西至达赉湖和克鲁伦河，南与蒙古国相连，北达海拉尔河北岸。

呼伦贝尔沙地是在冲积洪积平原上出现的，沙地比较平坦。沙丘的形态以梁窝状、蜂窝状沙丘为主，也有少量新月形沙丘。沙丘的高度多在5~15m。沙丘之间为低平地，有的地方为风蚀低地或沙坑。呼伦贝尔沙地主要有如下四大沙带。

第一条沙带，位于海拉尔河沿岸，即滨洲铁路的两侧。东起白鄂温克族自治旗的霍吉诺尔，西到扎赉诺尔，东西长约100km，东段南北宽3~5km，西段最宽处（赫尔洪德附近）达35km。流动沙丘主要分布在现代河流的南侧，沙丘形态是在纵向沙垄基础上叠加一些规模较小的横向沙垄和新月形沙丘，充分表现是以西北风为主要风向。

第二条沙带，位于呼伦贝尔草原中部，呈西北—东南走向，沿辉河古河道两岸分布。沙带长约30km，宽5~10km。中游（中段）以湿地为特点，上游（南段）则以风成沙丘为特点，尤其在古河道东侧的下风方向形成了新巴尔虎左旗大片沙区，由于这个地区较为宽阔，风力较小，因此以新月形沙丘链为主。

第三条沙带，在呼伦贝尔草原南部，东南始于伊敏河畔头道桥，西北到阿木古郎镇（又称甘珠尔庙）北部沼泽。以呼和诺尔为界，沙带又可分为东、西两部分。东部沿辉河南岸分布，南抵中蒙边界，西部作扇形分布，南抵哈拉哈河。

第四条沙带，在呼伦贝尔草原东南部，沿伊敏河作南北走向，南起必鲁特，北到南屯（鄂温克族自治旗政府所在地）。沙带南北长约85km，东西最宽处约25km。其中，红花尔基沙带主要分布在辉河与伊敏河上游的山前地带，在辉河一带与诺门罕南北沙地相连。其特点是沙地上覆盖了大片的原始沙地樟子松林。

五、乌珠穆沁沙地

分布在内蒙古锡林郭勒盟东乌珠穆沁旗和西乌珠穆沁旗。行政区包括内蒙古锡林郭勒盟西乌珠穆沁旗、东乌珠穆沁旗、锡林浩特市。沙地分布特征是沙丘分布在冲积平原上，有些沙丘地有湖泊。以固定、半固定沙丘为主、沙丘形态为沙垄、沙垄-梁窝状沙丘，在迎风侧由于强烈风蚀作用形成的风蚀坑也较明显。在西乌珠穆沁旗中部分布有一条沙丘带，称为嘎亥额勒苏沙地。主要特征是沙丘分布在冲积平原上，有些沙丘地还散有小湖；以固定、半固定沙丘为主、多系沙垄和沙垄-梁窝状沙丘，相对高度5~15m，在迎主风方向斜面上由于强烈风蚀作用形成的风蚀坑也较明显。

六、阴山北麓风蚀沙化区

阴山北麓又常被称为后山地区（图1-1），总土地面积约4.17万km^2。该区是现代沙化土地发展最为严重的地区之一。阴山北麓风蚀沙化区地处我国北方农牧交错地带中段，行政区包括内蒙古乌兰察布市的化德县、商都县、察哈尔右翼后旗（察右后旗）、察哈尔右翼中旗、四子王旗，呼和浩特市武川县，包头市固阳县、达尔罕茂明安联合旗（达茂旗），巴彦淖尔市的乌拉特前旗、乌拉特中旗，锡林郭勒盟的太仆寺旗和多伦县。南起阴山北麓丘陵以北；北至现今农牧分界线（化德县七号乡、察哈尔右翼后旗土牧尔台至达茂旗，乌兰胡同一线）；浑善达克沙地以西；乌拉特中旗以东的广大地区。

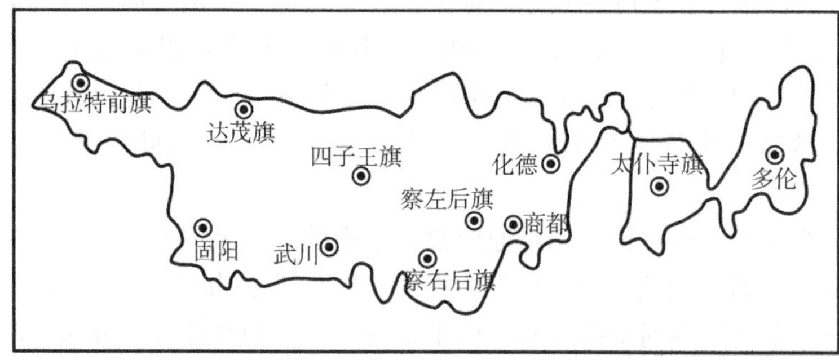

图1-1 阴山北麓风蚀沙化区分布范围

地处内蒙古高原南部周沿地带，在地貌形态上表现出波状缓起伏、残山丘陵和宽浅洼地相间的干草原景观。地貌波状起伏，平坦开阔，由南向北倾斜，大地貌形态总趋势是从南向北倾斜的剥蚀准平原化的波状高平原。地貌特征为丘陵区，地形南高北低，海拔高度965~1489m。地质底层多为岩石，表层覆以0.5m以上的沙质黏土。再北为波伏平原，地形由南向北缓慢倾斜，海拔高度在1000m上下，地表沙土覆盖，是比较平坦的天然牧场。

该区风成地貌主要有五种类型，即砾石化地表、灌丛沙堆、风蚀劣地、平沙地和基岩风蚀地貌。

砾石化地表广泛分布于波状高平原上，砾石是长期干燥剥蚀以及残积坡积的产物，经过风的长时间吹蚀，细粒物质被吹到区外，中粒部分以跃移方式沉积到背风坡或洼地，砾石相对增加，形成砾石戈壁。灌丛沙堆是植物固沙、阻沙作用的直接后果。主要分布在季节性湖盆洼地和耕地的下风向的荒地，是未来固定沙地的雏形。该区形成的灌丛沙堆的灌木种类是以小叶锦鸡儿为主。风蚀劣地零星分布在宽浅谷地的两侧。由于后期季节性水流的下切作用，粉粒物质在谷地两侧以阶坎形式出露，为劣地发育提供了物质基础。风蚀劣地由风蚀坎、风蚀台墩、风蚀柱等组成，形态上陡壁直立，高者达3~4m。沙平地是指无植被覆盖，表面波纹，起伏不大的小片流动沙地。沙平地以斑点状零星分布在宽浅谷地的下风向，尤其在劣地的下风向，是谷地风蚀的相关堆积区。基岩风蚀地貌是在花岗岩丘陵的向风和侧风坡形成的近似石质戈壁的地貌景观。

第三节　沙化土地动态变化

内蒙古自治区是我国荒漠化和沙化土地最为集中、危害最为严重的省区之一。经过多年的综合治理，内蒙古生态状况实现“整体恶化得到遏制、局部好转”的历史性转变，逐步形成一道抵御风沙、保持水土、护农促牧的“绿色长城”。

根据内蒙古自治区第六次荒漠化和沙化土地监测结果（2019年），内蒙古自治区12个盟市83个旗县区荒漠化土地总面积5931.06万hm^2（表1-4）占内蒙古自治区总土地面积50.14%。内蒙古自治区12个盟市92个旗县区沙化土地总面积3981.53万hm^2（表1-5），占自治区总土地面积33.66%。

荒漠化是指包括气候变异和人为活动在内的各种因素造成的干旱、半干旱和亚湿润干旱区的土地退化，这些地区的土地退化称荒漠化土地。其中，包括风蚀荒漠化、水蚀荒漠化、盐渍荒漠化、石漠化和冻融荒漠化。而内蒙古自治区只有风蚀荒漠化、水蚀荒漠化、盐渍荒漠化3种类型的荒漠化土地。

表 1-4　荒漠化土地类型面积及其分布

统计单位	面积合计（万 hm^2）	风蚀荒漠化		水蚀荒漠化		盐渍荒漠化	
		面积（万 hm^2）	比例（%）	面积（万 hm^2）	比例（%）	面积（万 hm^2）	比例（%）
内蒙古	5931.06	5405.35	91.14	272.32	4.59	253.39	4.27
干旱区	1406.78	1376.75	97.87	249.00	0.18	27.53	1.96
半干旱区	2424.72	2224.33	91.74	66.78	2.75	133.61	5.51
亚湿润干旱区	2099.57	1804.28	85.94	203.04	9.67	92.25	4.39

和2014年第五次荒漠化和沙化土地监测结果比较，2019年，内蒙古荒漠化土地面积减少160.98万 hm^2，年平均减少32.20万 hm^2。其中，风蚀荒漠化面积减少126.12万 hm^2，水蚀荒漠化面积减少5.10万 hm^2，盐渍荒漠化面积减少39.96万 hm^2。

沙化土地是指在各种气候条件下，由于各种因素形成的地表呈现以沙物质堆积为主要特征的土地退化。包括流动沙地（丘）、半固定沙地（丘）、固定沙地（丘）、沙化耕地、风蚀残丘（劣地）以及戈壁等类型，此外，还包括有明显沙化趋势土地和其他沙化土地。

表 1-5　沙化土地类型面积及其分布

沙化土地类型	总面积（万 hm^2）	占沙化土地总面积比例（%）
一、沙化土地合计	3981.53	—
流动沙地（丘）	746.65	18.75
半固定沙地（丘）	386.11	9.70
固定沙地（丘）	1974.93	49.60
沙化耕地	33.89	0.85
风蚀残丘（劣地）	130.87	3.29
戈壁	708.08	17.81
二、有明显沙化趋势土地	1653.06	—
三、其他沙化土地	3748.31	—

和2014年第五次荒漠化和沙化土地监测结果比较，2019年，内蒙古自治区沙化土地总面积减少97.26万 hm^2，年平均减少19.45万 hm^2。其中，流动沙地（丘）面积减少33.88万 hm^2、半固定沙地（丘）减少107.59万 hm^2、固定沙地（丘）增加605.27万 hm^2、沙化耕地减少10.53万 hm^2、风蚀残丘（劣地）减少37.28万 hm^2、戈壁减少1.02万 hm^2，裸露沙地减少512.23万

hm^2。5 年间，内蒙古沙化土地类型组成结构发生明显变化，特别是固定沙地（丘）增加以及流动沙地（丘）、半固定沙地（丘）、裸露沙地减少等，反映出内蒙古防沙治沙工程建设取得明显成绩。

在荒漠化方面，相比 2014 年第五次荒漠化和沙化土地监测结果，2019 年内蒙古极重度荒漠化土地减少1591万亩①，重度荒漠化土地减少1851万亩，中度荒漠化土地减少4326万亩，轻度荒漠化土地增加5354万亩；在沙化程度方面，内蒙古极重度沙化土地减少2199万亩，重度沙化土地减少3231万亩，中度沙化土地减少1524万亩，轻度沙化土地增加5495万亩。内蒙古荒漠化和沙化土地程度实现连续四个监测期持续“双减轻”。其中，内蒙古境内的巴丹吉林、腾格里、库布齐、乌兰布和等沙漠，呈现出流动沙地和半固定沙地减少，固定沙地增加的趋势，其中流动沙地减少 227 万亩，半固定沙地减少1159万亩，固定沙地增加1701万亩。同时，四大沙漠的沙化程度呈现出极重度、重度、中度面积减少，轻度面积增加的趋势，其中极重度面积减少 159 万亩，重度面积减少1044万亩，中度面积减少 133 万亩，轻度面积增加1363万亩。

在治理成效方面，内蒙古境内的科尔沁、浑善达克、毛乌素、呼伦贝尔等沙地，沙化土地面积总体减少 730 万亩，其中半固定沙地减少 983 万亩，固定沙地增加 510 万亩。同时，四大沙地沙化程度呈现出重度、中度面积减少、轻度面积增加的趋势，其中重度面积减少 863 万亩，中度面积减少1193万亩，轻度面积增加1044万亩。

围绕沙化土地植被方面，内蒙古可治理沙化土地面积32494万亩，其中已治理沙化土地面积12549万亩，占可治理沙化土地的 38.62%。与 2014 年相比，沙化土地低植被盖度面积减少，高植被盖度面积增加。其中，植被盖度大于40%的沙化土地面积呈现明显增加趋势，面积增加6428万亩。

第四节　固定沙地活化特征

所谓沙地活化是指固定沙地或草原受到人为破坏后，土层下伏的风沙土裸露的过程，并使地表呈现出斑块破碎、扩展以及局部沙化，风蚀坑等特征。所以，沙地活化持续的结果就会演变成流动沙地。例如，内蒙古五大沙地都是沙地活化的直接后果。从某种程度讲，沙地活化、沙地逐渐形成以及草原消长形成“孪生兄弟”，彼此消长，相互影响。

① 1 亩约为 667m^2，全书同。

一、呼伦贝尔沙地活化特征

朱震达等研究认为呼伦贝尔草原是沙化正在发展区，开垦草原扩大耕地是草原沙化的主要原因。嵯岗牧场开垦的233km^{2}耕地中出现流动沙丘、半固定沙丘的沙化土地已占垦区面积的39.4%。其原因是潜在自然因素，即频繁的、超过临界起沙风（≥5m/s）的风力条件及其与干旱季节在时间配置上的一致性；以物理性砂粒为主的地表组成物质的松散性，为沙化发生发展提供了物质基础。在这些潜在自然因素基础上，任何人为的强度经济活动都会导致沙化的发生发展。

1. 风蚀坑分类

呼伦贝尔沙地近代形成过程主要表现是固定沙地活化和草场沙化。地表特征主要是斑块破碎、扩展以及局部沙化，风蚀坑的形成等等。

沙质草原风蚀坑由形成于薄层土壤及其下伏松散沙沉积物上的沙坑，以及被风从沙坑中掏蚀搬运到邻接的坑外侧堆积形成的积沙两个基本要素组成。风蚀坑以风蚀为主的沙坑严格受土层控制，以土层露头与风积形态的坑后积沙明确区分。

对此，张德平等进行了比较详细的研究，并根据形态特征，风蚀坑可分为简单型风蚀坑和复合型风蚀坑两大类型。

简单型风蚀坑多是由一个基本连续，没有被植被固定坑壁而打断的风蚀过程所形成，形态简单。主要类型有：①卵圆形或扇形风蚀坑，是风蚀坑的基本形态；②串珠状风蚀坑，两个或两个以上规模相当的简单型风蚀坑以不大的间距沿着废弃的道路，或者沿着靠近古沙垄、古沙丘的脊顶部位连续分布，坑的长轴线可能互相连接，也可能互相平行斜列；③带状或槽状风蚀坑，呈宽度大致相同的带状或槽状，沿机动车、草原自然路、防火道、公路或铁路两侧就地取料区或反复植树带的风蚀裸地发展形成。通常规模巨大，深度变化大。

复合型风蚀坑在下蚀到达侵蚀基准面之前，其发展进程曾经被一次或多次植被固定坑壁的风蚀沙化逆过程打断。后续风蚀过程在已形成的母坑坑壁，包括坑底的一个或多个薄弱部位继续发展或重新形成。从而形成叠加在母坑上的、或者附加在母坑边缘或沙丘上的子坑。同期形成的简单类型风蚀坑在发展过程中扩大、联结，也可形成复合的风蚀坑。复合型风蚀坑总体形态复杂多样。有时剧烈发展的复合型风蚀坑的总体形态亦趋向简单化。主要类型有：①裸地型风蚀坑，平面形态通常不规则、深度不超过1m的风蚀裸地斑块；②肾形风蚀坑，总体形态为向北拱曲的肾形，坑南侧壁通常有草被固定；③花朵状风蚀坑，母坑固定，周边植被发育较差的数点有新风蚀坑发生，平面形态如花朵；④葫芦状风蚀坑，在已经被植被完全固定的风蚀坑出风端或侧壁植被、土层薄弱部位叠加发育另外一个风蚀坑，通常第一个较小，有时不明显，第二个较大，子母坑的轴线重合或者平行；⑤掌状风蚀坑，在母坑出风边数个植被薄弱点发育有长轴与主风向一致的狭长子坑群，整体形状如手掌；⑥方形风蚀坑，平面形态略呈方形或菱形，坑底较平，多为湿沙或散沙中的粉沙质或黏土质夹层，风蚀坑规模较大，坑壁完全为裸沙，或侧壁为裸沙、坑底被乔灌草被固定。

2. 风蚀坑的形成

在水分、植被、土层、下伏散沙、风力、重力、动物和人类活动营力等主要因子综合控制下，风蚀坑的形成和发展大体经历以下几个过程。

（1）风蚀裸地土层破口的形成与地下散沙的出露。当地表草原植被以及土壤——植物根系层由于自然的、人类翻耕、机动车辆碾压、取土，或者其他原因破坏后，在干旱条件下，地表的强风作用使失去草被及其根系保护的松散土层中的细粒成分首先形成扬尘随风飘失，形成风蚀裸地。失去细粒物质的黏着，土层中的沙砾活性大为增加并形成挟沙风或风沙流，对剩余土层的磨蚀能力急剧增加，使土层的磨蚀进程加快并逐渐沿沙土楔或鼠洞等的松散、软弱处形成破口，地表土层下伏的几乎无任何胶结的散沙出露。

机动车自然路的深路辙、废弃的地穴式居所和墓葬等人类活动，以及地表径流冲蚀破坏土层、钙积层，可以造成整个土层的一系列破口并使地下散沙出露，风蚀作用直接进入下一个阶段。

（2）风蚀作用的产生。通过土层破口直接暴露在风蚀作用下的松散沙质，在风遇到破口改变方向产生的湍流和由于气流绕流加速产生的低压作用下，被迅速从破口内吹扬出来，在下风侧的草原由于草丛阻挡被阻滞沉积下来形成片状沙层，并逐步积累增加厚度。由于黏粉粒物质含量较高，又有植物根系和钙积层保护的土层与下伏散沙机械性质的巨大差异，散沙的侵蚀损失速度要比土层的侵蚀损失速度快得多，从而产生特有的风力掏蚀作用，逐渐使土层失去支撑而临空。

（3）植被及土层的崩解与掏蚀作用的加速——风蚀坑形成。当风力掏蚀对土层下伏散沙的侵蚀进行到一定程度时，失去支撑的土层连同草被在自身重力作用下，沿着垂直土层表面的沙土楔网格或节理裂隙成块坍塌、坠落、崩解，细粒物质被风力吹扬消失，沙粒则被搬运到下风侧加入风沙堆积，风蚀坑开始形成。

风蚀和重力崩塌的共同作用使土层的风蚀破口加速扩展。随着深度的增加，风蚀坑快速发展，坑壁的表面积迅速扩大，风蚀速度和侵蚀量也随之急剧增加，风沙流的规模和强度大为增加，对风蚀坑出风端土层的磨蚀作用显著增强。

(4) 风蚀坑的侧向发展。对于活跃发展的风蚀坑，地下水位或沙层中的黏土或细粉沙夹层可以构成风力侵蚀基准面，也是风蚀坑向下发展的极限。侵蚀基准面使风的下蚀作用停止，风蚀只能侧向发展，风蚀坑开始向底部总体较平的风蚀洼地转变。由于这种风蚀洼地是由风蚀坑演变而来，我们称其为风蚀坑洼地。

由于风蚀坑的坑底、背阴坡和背风坡水分条件改善，开始发育植被，风蚀便沿着植被发育差、土层薄弱的向阳坡和迎风坡发展。长期作用的结果是：设想正西风为主导风向，则风蚀坑逐步向西北、正北、东北三个方向发展，并形成长轴为东西向、短轴为南北向大致呈平底菱形或方形的理想形态风蚀坑洼地。

风蚀坑的发育过程经常具有非均衡的阶段性特征，反映在风蚀坑洼地底部经常不是绝对平坦的，而是由多个长碟形凹坑组成。每个碟形凹坑代表一个风蚀阶段形成的风蚀坑底部植被发育良好的地带。碟形凹坑之间的脊线与风蚀坑的长轴方向平行，脊线的数目 N 表明该风蚀坑洼地至少经历过 $N+1$ 个风蚀阶段。

(5) 地下水位的下降与风蚀坑规模的扩大。风蚀坑底部已经被植被固定的多期次风蚀形成的高低有别的侵蚀面，反映着地下水位的变迁。因为当地下水位下降时，风蚀坑内水分条件恶化，向下的风蚀作用会继续得到发展，直至接近新的地下水位。

如果后期向下的侵蚀不是发生在坑底，而是发生在草被发育较差的部位，或向下的侵蚀同时伴随侧向侵蚀时，就能够保留先期形成的坑底。先期的坑底与后期侵蚀基准面控制形成的新坑底一道组合成阶梯状，显示地下水位的变迁过程。如果后期向下的侵蚀剧烈发展，风蚀坑的扩展也有可能将先期形成的坑底面完全侵蚀而不留任何痕迹，形成规模更大的活动风蚀坑。

(6) 风蚀作用的停滞和风蚀坑的固定。当风力减弱或降水量增加，或两者共同发生作用时，植被的发育使风蚀坑进入固定或稳定阶段，侵蚀作用和沉积作用达到平衡。在有水的湿风蚀坑中，水芹、柳、杨、桦、松等植物和动物很快在水坑及其周围的坑壁形成繁盛的“微型沼泽”生态系统，沙丘也被沙生植物、樟子松等固定下来。

在无水的干风蚀坑中，植被首先在背风的阴坡和水分条件较好的坑底发育并达到某个种类的顶极群落。新的土层也在这两个部位最先发育形成。越是靠近风蚀坑阳坡和迎风坡顶部边缘土层崩落面的地带，植被发育越差、盖度越低。这些部位是风蚀坑活化扩展或叠加发生的危险部位。人类活动干扰程度的减轻或者撤除也能促进植被恢复并促使风蚀坑固定。

(7) 风蚀坑的活化。如果环境条件再次恶化，水分条件变差，或者人类活动干扰增强促使植被退化，风蚀作用加强，则已经固定的风蚀坑或正在消亡的风蚀坑会发生活化，进入新一轮活跃发展阶段并进一步发展扩大。

风蚀坑的活化通常以新风蚀坑叠加发生的方式实现。通常是沿坑北侧壁坡度较陡，水分条件最差，植被发育最差的顶部，或者沿已经固定沙丘顶部迎风的阳坡，呈点状或带状发生新的风蚀坑。沿固定风蚀坑周边点状活化的结果形成花朵状风蚀坑，沿风蚀坑北侧边缘以及东、西两端带状活化发展的结果形成肾形风蚀坑。后期强烈发展也可能将先前形成风蚀坑的整个坑壁完全侵蚀，形成形态简单规模巨大的活跃发展风蚀坑。

牲畜的踩踏造成固定风蚀坑边缘土沙塌落，可以促成风蚀坑活化。但是在水分条件较好时，牲畜的踩踏在促进风蚀坑边坡放缓充填坑底的同时，也改善了立地条件，牲畜粪便的散布增强土壤肥力，播撒布植物种子，促使草原植被加速形成，从而加快风蚀坑的消亡速度。

二、科尔沁沙地活化特征

1. 科尔沁沙地出现沙化景观

辽代以前的科尔沁大草原基本上没有出现土地沙化，10 世纪上半叶，辽代的大规模强制性移民垦荒，科尔沁草原才开始出现土地沙化。据《辽史》记载，移民高峰期新建有 60 多个州县。垦荒的结果是草原出现了流沙，阻断驿道。现在当地人所称的“地影子”就是当时垦荒的遗迹。到了金代，在这一地区仍然推行垦殖政策，这时的草原已经有一些早期开垦的土地因沙化而被迫弃耕，加之后来在当时的北部边境地区修建了规模的边壕城堡，使这一地区的森林植被和表土层受到严重破坏，加快了科尔沁草原沙化的进程。

18 世纪初，清代康熙年间，为了发展科尔沁地区的经济，又开始了新一轮的大规模垦荒，当时游牧民族的贵族看到了开垦耕地带来的巨大利益，也积极推行垦殖。到了 18 世纪末、19 世纪初期，科尔沁草原的土地沙化已经发展到了相当严重的地步，严重影响了当时的畜牧业，清政府又开始禁止开荒。但是，由于受利益驱动，加上当时内地自然灾害频繁，大量难民进入科尔沁地区，垦荒一直处于“禁而不止”的状态。清朝后期，由于国力的衰败、社会动荡和外交赔款的巨大压力，科尔沁的草地开垦规模达到了史无前例的程度，疏林草原景观已不复存在，取而代之的是荒漠草原景观，现代科尔沁沙地的轮廓自此时已基本形成。

20世纪上半叶，中国军阀割据，政治动荡不安，科尔沁沙地涌入大量难民。这其间，日本侵略者对这一地区大肆掠夺，组织开拓团进行垦荒；诸多因素造成该地区的土地资源遭到严重破坏，土地沙化发展迅速。

在中华人民共和国成立以前，千余年的草原开垦历史使科尔沁大草原彻底改变了疏林草原景观，变成了现在的科尔沁沙地。

2. 科尔沁沙地风蚀特征

近半个世纪以来，特别是机械化垦殖作业的开始，使科尔沁沙地的土地沙化达到了空前的严重程度。根据科尔沁沙地风蚀活化特征，沙地风蚀活化地貌类型主要有风蚀坑、风蚀残丘、风蚀沟、碟形洼地和风蚀破口。

依据风沙活动规律，科尔沁沙地风蚀活化地貌还可以分为斑状流沙、片状流沙和流动沙丘 3 种类型，并构成风蚀地貌形态演化系列。按照沙化土地类型及沙化发展方式的差异性，科尔沁沙地的沙化土地可划分 3 个不同的区域。

（1）科尔沁沙地西部区。包括翁牛特旗红山—五分地以东，西拉木伦河以南，老哈河以西广大区域。地貌以大片流沙平地、流动沙丘和半固定沙丘为主要类型。沙化程度以强度沙化和中度沙化为主。其发展以流沙前移和沙丘活化为主要形式，发展速度较快。

（2）科尔沁沙地东部区。老哈河以南，西辽河以西的广大区域。地貌以坨、甸相间为主要特色。固定、半固定沙丘比例大，流动沙丘多集中在沿河两岸。沙化方式以半固定、固定沙丘严重风蚀活化为主。沙化类型以中度和轻度沙化为主。

（3）科尔沁沙地北部区。包括郑家屯—突泉以西，巴林左旗、巴林右旗一线以南，西辽河以北广大区域。沙地呈条带或斑点状分布于河流沿岸及湖沼间高地。沙化类型主要为轻度沙化。沙化方式为沿河岸沙丘前移、草地上流沙斑状堆积和草地风蚀三种。此外，这一区域土壤盐渍化现象特别严重。

三、乌珠穆沁沙地活化特征

1. 乌珠穆沁沙地“伏沙”形成

中国科学院内蒙古宁夏综合考察队在 1980 年出版的《内蒙古自治区及东北西部地区地貌》这一综合考察专辑中首次提出“伏沙”概念。该书将伏沙与专指沙地的术语“明沙”相对立，定义为“砂质土壤层，由于水分条件较好，土壤比较发育，有植被层所覆盖，常不易为人们所注意”的土地。并在戈壁砾石带—沙带—黄土带的环带状分布规律中揭示伏沙地与沙带、黄土带的同源起源。可以说，伏沙地与沙地在很多方面都极其相似。

乌珠穆沁沙地在水文条件方面更具优势，该区有许多河流，均为内陆河。发源于大兴安岭的有布尔嘎高勒、尼仁高勒、阿尔苏布高勒、巴拉嘎尔高勒、巴嘎吉仁高勒、伊和吉仁高勒。发源于宝格达山的有乌拉盖高勒、色也勒吉高勒、海拉斯台高勒。其中乌拉盖高勒全长548km，有支流13条，是乌珠穆沁盆地最大的河流。河流末端多积聚为许多湖泊和沼泽，湖泊有100多处，较大的湖泊有乌拉盖淖尔、巴彦淖尔、准夏巴尔、哈夏图淖尔、嘎鲁图淖尔、贺斯格淖尔、舒图淖尔、呼热图淖尔、查干淖尔、额日淖尔等。

伏沙地在风的强烈作用下会形成沙丘，一旦有沙丘形成，伏沙地就变成了沙地，其性质完全不同了。因此，只有在较为湿润的条件下，沙物质表面迅速形成植被将地表覆盖起来，阻断沙物质的运移才能形成伏沙地。几乎所有的伏沙地都呈东西方向展布，其西端总与河道、湖泊相衔接，且乌珠穆沁盆地的主风方向为西风是一个公认的事实，这便反映出伏沙地形成所需的沙源来源于河湖相沉积物。更为明显的现象是在没有河流经过地方未见伏沙地分布。

侯健、王炜等的研究让我们能够得到一个对于伏沙地成因更为深入的认识：河湖相沉积的沙物质在当地主风向的作用下发生位移，使之转移到沙源区下风向的位置上，位移发生初期，发生转移的沙源区下风向位置上为沙地景观，之后由于当地湿度较大，腐殖质形成较快，日积月累便在沙母质之上形成了一定厚度的土壤层，即为我们现在所看到的伏沙地。

伏沙地母质与沙地同源，均为风积的沙物质，其结构较松散，具有易受侵蚀的流动性。之所以伏沙地较之沙地其母质沙物质没有被活化，完全依赖于伏沙地上层几十厘米厚的腐殖质层。一旦该层被破坏，将沙母质暴露在地表之上，由于沙物质的流动性所造成的危害是可想而知的。因此，伏沙地分布区的相关部门可以依据科学研究的成果，在乌珠穆沁盆地伏沙地空间分布范围内确定出伏沙地的地理位置，尽力保护伏沙地上的植被，避免在伏沙地上进行过多的人类活动。

2. 人类活动促进沙地活化

乌珠穆伏沙带以其发育不完备的土壤结构承受着农业和牧业的双重压力，即为真正意义上的生态脆弱带。在这些伏沙带中大面积耕作和超载放牧，都会因破坏土壤表层而使沙源活化，重新开始风蚀堆积过程，甚至造成土地沙化。目前，以风蚀沙坑为特征的蚀积过程在伏沙带中已属常见。众所周知，伏沙地一旦丧失表土而活化，其上的植被演替不再按照草原植被的演替轨迹演替，而是遵循沙地植被的演替模式，即从植被退化—土地沙化的严重衰退的演替模式。

四、浑善达克沙地活化特征

1. 浑善达克沙地早期畜牧业

浑善达克沙地及周边地区的环境原来是水草丰美的草原，历史时期人口稀少。主要从事牧业，与如今人口密集、农牧兼重，沙化强烈发展的情况截然不同。导致这种巨大变化的不是自然条件的根本改变，而是人类不合理的经济活动造成的。宋朝以后，随着元朝中央政府对这一地区统治的加强，外来人口大量涌入，为了支持庞大的驻军，原始草原开始被大量开垦。驻军和屯田除了因为开辟农田要破坏原始植被外，燃料和建筑都是就地取材，导致森林大量被砍伐。特别是清朝中后期以来，内地农民大量涌入草原地带，向北开垦农田，大致经历三次垦殖高潮以后，南部的耕地已占到总土地面积的60%以上。中华民国时期延续了这一政策，中华人民共和国成立后更是掀起了在草原地带发展农业的高潮。就连沙地以北的乌珠穆沁草原、阿巴嘎草原和苏尼特草原（我国五大牧场之一内蒙古草原的主体）也被部分开垦为农田，再加上人口增加，牧压强度增加等原因，使这一地区草场严重退化，沙化迅速蔓延。可以看出，历史时期特别是近1000年来浑善达克地区的沙化是农牧变迁造成的。

2. 浑善达克沙地活化特征

根据浑善达克沙地现代沙化特征，刘树林博士做过系统研究，并认为浑善达克沙地现代沙化过程是在历史时期沙化土地基础上的进一步发展。朱震达等（1981）指出浑善达克沙地在整个固定半固定沙丘地区，呈现出较密集的斑点状流沙分布的景观，而这些流沙都是从丘间风蚀洼地和固定沙丘迎风坡上的风蚀窝开始发展的，如不引起注意和及时采取防治措施，浑善达克沙地将会变为严重沙化区。

刘树林博士认为浑善达克沙地腹地最主要的沙化形式是在波动性气候和不合理人类活动长期作用下导致的固定沙丘活化。固定沙丘活化主要有三大类型：包括典型的发育在缓起伏沙地上大小不等的“马蹄形”“椭圆形”风蚀洼地或风蚀坑；发育在起伏沙丘区极端典型抛物线形沙丘和鱼钩形沙丘；以及沿道路发育的“串珠状”风蚀槽。

（1）风蚀洼地、风蚀坑类型及其形成发育过程。风蚀洼地的形状和规模，取决于风况（主要是大于起动风速的风）和地表可风蚀物质。洼地发育到一定的阶段便与盛行的风蚀环境达到平衡。往下侵蚀达到潜水位，或者达到不易侵蚀的土层（如黏土），也能阻止洼地表面的风蚀。因此，地下水面或不易侵蚀的土层，就成为控制风蚀的局部基准面。

在平坦、微起伏沙地上，通常在沙地凸起部位由于土壤水分和植被条件相对较差，受风沙作用机会的差异和不均匀人为扰动，沙地局部首先产生强烈风蚀（吴正，1987）。紊动的气流不断侵蚀下伏松散沙物质，在侧蚀、淘蚀作用下的结果发育了大量风蚀坑和“椭圆形”风蚀洼地，使沙地成斑块状沙化。斑块的大小和密度，因微起伏地貌的大小和密度而异。已经固定的早期沙丘活化形成的缓浅“U”形洼地，在波折处也经常出现二次活化。

（2）抛物线形沙丘、鱼钩形沙丘及其形成发育过程。抛物线形沙丘主要分布在毛乌素沙地和浑善达克（小腾格里）沙地。其形态特征与新月形沙丘刚好相反，即沙丘的两个兽角指向上风方向，迎风坡平缓而凹进，背风坡陡而呈弧形凸出，形似马蹄；平面图形又好像一条抛物线。在干草原地区的沙地，水分条件较好。由于沙丘下部水分状况一般较好，植物容易生长，因此通常从沙丘下部开始固定。因两翼高度较低，往往首先得到固定，使风的作用受到阻碍，沙子不再移动而被留在原地；但沙丘中部因植物稀少，仍可受到风的吹扬，继续不断向前移动。发展结果，就形成这种与新月形沙丘相反的沙丘形态。由此可见，抛物线形沙丘的形成主要与植被对沙丘体下部的固定有关。

浑善达克沙地固定沙丘的阳坡，恰好又是西风和西南风作用的迎风坡。由于阳坡蒸发强烈，表层10cm多为干沙层，含水量极低，植被极为稀疏甚至缺失。再加上过度放牧和樵采活动，使丘间低地植被和迎风坡植被退化，多年生植物大量减少，导致植被的高度和盖度不足以防止表层土壤风蚀。由于长期风力侵蚀再加上人类干扰活动，经常在迎风坡某个部位，先形成风蚀破口，之后风力侵蚀加剧，风蚀破口逐渐增大。风蚀坑内沙物质被侵蚀搬运到下风方向堆积。风蚀坑在迎风坡强烈风蚀和重力共同作用下，沙丘顶部沙丘活化、地质历史时期发育的约30cm厚的土壤层不断坍塌后退，下伏松散古沙层重新被吹扬，背风坡沉积大量流沙，沙丘向下风向不断前进前移入侵蚕食着丘间草地。

由于研究区地质历史时期以来一直盛行着偏北西风，酝酿了小角度北西-南东向沙丘垄和丘间低地相间分布格局，导致了沙丘体阳坡面积大，蒸发强烈，植被稀疏；同时沙丘体阳坡植被稀疏面，经常成为区域西风、西南风等偏西风复合作用的迎风坡。随着沙化程度的加剧，阳坡上大量的树根、草根被剥蚀外露；阴坡由于植被较好，在阳坡吹蚀前移的同时，阴坡植被保护沙丘体处于相对稳定状态，结果导致阳坡逐渐损失前移，吹蚀的沙物质堆积在沙丘体下风向处与阴坡植被沙丘体相连，形成北侧一翼保存，南侧一翼基本丧失的鱼钩形活化沙丘。

鱼钩形活化沙丘广泛分布于浑善达克沙地中东部，明显不同于典型抛物线形沙丘的形成发育过程。阴坡植被也因根系风蚀暴露或沙埋而逐渐死亡，只有生命力极强的榆树散生在那里，直至最后死亡。整个固定、半固定沙丘完全变为流动沙丘。迎风坡遭受强烈侵蚀，坡度变缓，风蚀窝不断向下风向扩展延伸。随着荒漠化过程的延续，风蚀窝深度加大，流沙裸露面积扩大，使固定沙丘的环境演变为具有密集斑点状流沙的沙丘活化的荒漠景观。

(3) 沿道路的“串珠状”风蚀槽。在草原上，地形起伏较小，多为平坦草场和缓坡草地，几乎所有的地方都能使车辆通行。随着机械车辆逐渐取代牲畜作为交通工具进入沙地，以道路破坏作为诱发沙丘活化的重要因素，便成了当地沙化强烈发展不可忽视的部分。由于起伏沙丘和丘间低地（蒙语叫塔拉）交错分布，以及因人口分散居住而形成的道路纵横，使道路交叉口和道路经过沙丘的地方，形成巨大风蚀坑。而沿道路因不断废弃拓展的车道宽达20~30m，经碾轧破坏而遭风蚀，常形成0.5~2m深的风蚀槽。风蚀坑与风蚀槽相互连接，而成“串珠状”风蚀槽地貌景观。

五、毛乌素沙地活化特征

1. 乌素沙地人为形成

我国学者严钦尚早在1954年，考察陕北榆林、定边间流沙问题时，从沙源物质角度提出鄂尔多斯高原东南部的毛乌素沙地的形成，是人类不合理开垦土地、破坏植被的结果，流沙的发生只不过是近二三百年间的事情。彼得洛夫1959年考察该沙地的起源和流沙移动时，认为300~400年前这里是被灌木、草本植物所固定，18世纪初叶以后，由于不合理的土地开垦和过度放牧，才形成榆林城北深厚的新月形沙丘地，并指出这里流沙物质系就地起源。1962年楼桐茂考察该沙地后，对其成因也提出类似的看法。

关于人为成因说的提法，最具代表性的是历史地理学家侯仁之先生和沙漠学家朱震达先生。历史地理学家侯仁之先生1964年实地考察后，联系沙漠中人类活动遗迹，依据文献记载和考古资料提出地处毛乌素沙地腹地的统万城（今陕西榆林市靖边县白城子）附近，在公元5世纪赫连勃勃选址建都城之时，非但没有流沙的踪迹，而且还是一片水草丰美、景物宜人的地方。至公元8世纪唐代后期，始在史籍中才有这一带遭到流沙侵袭的文字记载，据此推测毛乌素沙地是最近1000年来人类活动的产物。之后，经中国科学院治沙队所组织的毛乌素沙地历史地理考察队初步考察后，发现毛乌素沙地内部有大量古代人类活动的遗迹，由明清遗迹一直可上溯到新石器时代，如乌审旗岇鲁公社的呼和陶勒盖汉城，靖边县北部统万城，鄂托克旗宥州古城等有趣的是汉代遗址自东南而西北向沙漠内部伸入最远，唐代者次之，宋代者又次之，至于明代遗址则已经退至沙漠的东南边缘地区，这种分布特点以及时代上的差异不仅与汉王朝势力的消长有关，而且似乎与沙地形成（或沙化）在时间上的早晚也有着密切的联系。得出的主要结论是：毛乌素沙地内的行政建置是与流沙扩展相联系的，毛乌素沙地是唐宋以来1000多年内的“人造沙漠”。

2. 人类不合理开垦造成沙丘活化

清朝的光绪末年，鄂尔多斯垦荒成为清廷财政危机的救命稻草。达拉特旗报垦荒地 226.67km^2；公元 1903 年、1906 年，王爱召两次报垦荒地 94.47km^2；杭锦旗 490.67km^2；郡王旗（伊金霍洛旗）报垦荒地 642.53km^2；扎萨克旗（今东胜区）报垦 134km^2；准格尔旗报垦荒地 741.87km^2；乌审旗报垦荒地 132.47km^2；鄂托克旗报垦荒地 258km^2。加上中华民国时期放荒，整个鄂尔多斯草原共放垦3268km^2。

公元20世纪50年代到70年代初，曾四次违背自然规律，大面积地滥垦草原。鄂尔多斯地区耕种面积达到了7000km^{2}之多，使库布齐沙漠和毛乌素沙漠地在伊金霍洛旗会合，沙化面积扩大到38000km^2，占伊克昭盟（今鄂尔多斯市）总面积的44%。伊克昭盟的大旱周期由过去的10年缩短到7~8年。公元1973年后的沙暴日数比公元1967年前增加了3~4倍。伊克昭盟每年向黄河中下游输送1.40亿~1.70亿t泥沙。

第二章　沙漠沙地治理技术原理

第一节　风力侵蚀

一、概念

风力侵蚀是指风力剥蚀、搬运和聚积土壤及其松散母质的过程，是风沙活动和土地沙漠化过程的开始。风力对土沙粒的吹移搬运，因土沙粒的大小和质量不同，出现蠕移、跃移、悬移 3 种形式，沙粒正是通过以上 3 种基本运动形式由一处运移到另一处，把这种运移称为风沙的搬运作用。在这 3 种移动方式中，以跃移和蠕移为沙粒移动的主要方式。

二、沙丘移动

表述沙丘移动过程涉及下列概念。

输沙量是指风沙流在单位时间，通过单位断面所搬运的沙粒数量，又称风沙流的固体流量。超过含沙饱和时，部分沙粒下沉堆积。

饱和风沙流是指风沙流能够携带的沙粒含量最大时的气流。

饱和路径是指风沙流从风蚀到堆积过程沿沙质表面移动的距离，即风沙流携带沙粒含量达到最大时所经历的距离。

粗糙度是指能够使平均风速等于零的高度。地表越粗糙，摩擦阻力越大，相应的风速的零点高度就越高，因此，隔绝风蚀作用不起沙的作用也越大，是反映地表性质的物理量。

气流中的输沙量，从风蚀起点开始逐渐增加，当含沙量达到饱和时或称饱和风沙流，就发生堆积。由风蚀起点到沙粒跌落堆积的一段距离称饱和路径长度。地表粗糙度对饱和路径长度有决定性影响。地面粗糙度增大，气流运行速度受到阻碍，附面层发生分离形成涡旋，可降低近地面层的风速，从而削弱气流输沙的能量，使无力载输的沙粒跌落在障碍物附近，形成沙堆。沙堆又成为风沙流运行的障碍，在沙堆的背风区发生附面层分离，沙粒不断在此堆积，使背风面坡度变陡，达到30°~40°最大休止角后，沙粒滑坍，出现落沙坡，形成雏形新月形沙丘。随着沙丘丘体的增大增高，附面层分离加强，涡旋强度加大，落沙坡扩大，发展成新月形沙丘。

就一个沙丘体而言，沙丘迎风面的中下部为风蚀区，而上部沙丘顶为堆积区，蚀与积的转化受迎风面坡长和饱和路径长度的影响。在常年主风作用下，沙丘顶部不断积沙，落沙坡滑坍落沙，背风面不断堆积，如此反复进行，可使沙丘辗转移动。移动的速度与主风速及输沙量的大小成正比而与沙丘高度成反比，同时还受沙丘密集程度、沙丘水分、植被状况和次风向等因子的影响。沙丘移动主要发生在风季，其移动值往往占全年移动值的60%~80%，单向风作用下的沙丘比多向风作用下的移动速度快。

姚洪林、闫德仁等利用光电子式积雪深度测定仪定量测定了流动沙丘各部位的风蚀积沙过程，结果表明：在特定风速下落沙坡随着起沙风速变化其积沙深度由1cm逐渐增加到12cm，并在起沙风速下降时形成一个强烈的积沙过程；迎风坡在起沙风速时处于最大的风蚀状态，并随风速变化形成一个由强风蚀到弱风蚀的转变过程；沙丘顶部在临近起沙风速时处于风蚀过程，并随起沙风速的逐渐增加又处于积沙过程。此外，流动沙丘迎风坡在12月至翌年5月间净风蚀深度月均值约为29. 85cm；落沙坡在12月至翌年6月间积沙深度月均值净增加139. 5cm；而沙丘顶部在3—11月为风蚀发生期，平均风蚀深度变化值为27. 3cm，12月至翌年3月为积沙发生期，平均积沙深度变化值为29. 47cm。

三、沙粒移动规律

风对地表所产生的剪切力和冲力引起细小土壤从团粒或者从土块分离，称为风的磨蚀作用；继之土粒或沙粒被风带走，称为搬运作用；当风速降低之后土粒或沙粒从空气中沉降下来，称为沉积作用。这3种作用相互联系、相互影响。风蚀的强度受风力强弱、地表状况、粒径和相对密度大小等综合因素的影响。当气流的上升力和冲击力大于土粒或沙粒的重力和颗粒间的相互联结力并能克服地表的摩擦力时，土粒或沙粒就被卷入气流，随风运行。这种携带沙粒沿近地表运动的气流称为风沙流。形成风沙流之后，风对地表的冲击力和磨蚀作用就显著加强，能将更多的土粒从土块和团聚体里搬走。土沙粒开始起动的临界风速，因粒径和地表状况等具体条件而有差别。但通常把细粒沙开始起动的临界风速5m/s称为起沙风。

1. 沙粒运动

沙漠是由不同大小、不同形状以及以石英为主体的不同矿物质颗粒组成。

所以沙物质的颗粒直接或间接地反映了沙漠的历史，同时也为研究风沙运动提供了条件。所以，研究沙漠单个颗粒的运动，是解决沙漠移动的微观领域。关于沙粒运动的机制，概括起来有如下几种。即湍流的扩散作用和震动学说、压差升力学说、冲击碰撞学说。

2. 沙粒起动风速

起动风速是风沙流运动中的重要概念，同时也是制定防沙治沙技术措施的基础，即通过增大起动风速，就能够有效地控制沙粒的运动，达到控制沙害的目的。

起动风速是指沙粒运动时的最小风速。风是沙粒运动的直接动力，气流对沙粒的作用力为：

$$P=\frac{1}{2}C\rho V^2A$$

式中，P 为风的作用力；

C 为与沙粒形状有关的作用系数；

ρ 为空气密度；

V 为气流速度；

A 为沙粒迎风面面积。

由上式可见，随风速增大，风的作用力增大。当风速作用力大于沙粒惯性力时，沙粒即被起动。所以沙粒沿地表开始运动所必需的最小风速称为起动风速（或临界风速）。一切大于临界风速的风都是起沙风。

拜格诺（R. A. Bagnold）根据风和水的起沙原理相似性及风速随高程分布的规律，得出起动风速的理论公式，其表达式为：

$$Vt = 5.75A\sqrt{\frac{\rho_s-\rho}{\rho}\cdot gd}\cdot\log\frac{y}{k}$$

式中，Vt 为任意点高度 y 处的起动风速值；

A 为风力作用系数；

ρ_s、ρ 分别为沙粒和空气的密度；

d 为沙粒粒径；

y 为任意点高程；

k 为粗糙度。

据研究，在空气中风对粒径>0.1mm 的沙粒起动值 $A=0.1$，若风中携带的沙粒冲击地表的松散沙粒时 $A=0.08$，即风沙流的冲击起动沙粒风速比风起动地表沙粒的风速要小 20%，也就是说风沙流更容易使沙粒起动。

起动风速的大小与沙粒的粒径大小、沙层表土湿度状况及地面粗糙度等有关。一般沙粒愈大，沙层表土愈湿，地面越粗糙，植被覆盖度越大，起动风速也越大。

在一定粒径范围内，随粒径增大，起动风速也增大（表 2-1）。由于起沙风速与粒径平方根成正比。所以特别大和特别细的粒径（受附面层的掩护和表面吸附水膜的黏着力的作用）都不易起动。而沙粒粒径为 0. 015 ~ 0. 5mm 时，0. 1mm 左右的沙粒最容易起动。随着大于或小于 0. 1mm 的粒径增大或减小，其起动风速都将增大。因此，风的吹蚀能力与地表物质粒径的起动风速大小直接相关，风速超过起动风速愈大，吹蚀能力愈强。一般组成地表的颗粒愈小、愈松散、干燥，要求的起动风速愈小，受到的吹蚀愈强烈。粒径为 0. 1 ~ 0. 25mm 的干燥沙，起动风速值仅为 4 ~ 5m/s（指 2m 高处风值）。

表 2-1　沙粒直径与起沙风速的关系（吴正，1987）

粒径（mm）	起沙风速（距地面 2m）	粒径（mm）	起沙风速（距地面 2m）
0. 1 ~ 0. 25	4. 0m/s	0. 5 ~ 1. 0	6. 7m/s
0. 25 ~ 0. 5	5. 6m/s	>1. 0	7. 1m/s

3. 沙粒运动形式

（1）跃移运动。跃移运动是由风压力和颗粒的冲击而引起的。凡是以这种跳跃形式运动的沙物质统称为跃移质，它是风沙运动的主体组成部分。跃移质约占风沙流中总沙量的 3/4。

沙粒在风力作用下脱离地表面以后，就从气流中不断获得动量而加速前进。由于空气的密度和沙子的密度比较起来要小得多，所以在运动过程中受到阻力较小，在落到床面时仍然具有相当大的动量。如果床面是由坚硬的材料组成的，则落在床面上的沙粒就像乒乓球一样，又会反弹起来，继续跳跃前进；如果床面由松散的颗粒组成，则不但下落的沙粒本身有可能反弹起来，而且由于它的冲击作用，还能使下落点周围的一部分沙粒进入跳跃运动，这样就会引起一连串的连锁反应，使风沙运动很快达到相当大的强度。

粒径为 0. 10 ~ 0. 15mm 的沙粒最容易以跃移的形式运动，当大量沙粒沿着沙表面跳跃前进时，由于跳跃高度有一定限制，所以看起来就像在地面上形成了一层沙云，沙云的厚度看上去比较大，但是，实际上绝大部分的沙粒都是紧贴地表附近运动。根据许多学者野外实测的结果证明：90%以上的跃移质都在地表附近 30cm 的高程范围内运动。在地表以上 5cm 的范围内，运动的沙粒通常占跃移质的一半左右。

沙粒跳跃的高度虽然有高有低，但是，它们打到沙面上的角度变化较小，一般为10°~16°。而跃移开始时的起跳角变化较大。凌裕泉和吴正在风洞中通过高速摄影，观察到有40%的颗粒起跳角在30°~50°，有28%在60°~80°。

沙粒跃移长度与跃移高度之比与起跳角之间有一定的关系。随着起跳角的增大，跃移长度与高度都相应加大，但是由于后者的增长幅度大于前者，所以，跃移长度与高度的比值随起跳角的增大而减小。

(2) 蠕移运动。沙粒沿地表面滚动或滑动称之蠕移运动，蠕移运动的沙粒叫作蠕移质。蠕移质约占风沙流中总沙量的1/4。从气流中落到床面上的沙粒，由于它们具有相当大的动量，不但能打散一些沙粒，使之跃移，而且还能使一部分床面上的沙粒因背面受到冲击而向前推移。在低风速时，可以看到这些沙粒时走时停，每次只走几毫米。但是，当风速加大时，走过的距离也随之增长，而且有比较多的颗粒在运动，到了较高的风速时，整个表面好像都在缓慢向前蠕动。

风压不能单独移动的沙粒，主要是靠比它们细得多的细颗粒跃移质的冲击作用而维持运动。经验证明：以高速运动的颗粒在跃移中通过冲击的方式，可以推动6倍于它的直径或200多倍于它的重量的表层沙粒。凡是粒径在0.5~1.0mm的颗粒，一般都属于表层蠕移质的范畴。

表层沙粒的运动和轨迹极低的跃移沙粒的运动之间虽然不可能有严格的区别，但是这两种沙粒运动的原因却有明显不同。跃移运动的沙粒升入气流中以后，就通过风对它们的压力直接取得动量；而在表层做蠕移运动的沙粒却并不直接接受风的影响，而是从跃移质的冲击过程中获得动量。

(3) 悬移运动。小于0.10mm的沙粒，由于其沉降速度经常小于气流向上的脉动分速度，所以就有可能以悬移的形式运动。

沙粒保持一定时间悬浮于空气而不与地面接触，并以与气流相同的速度向前运动，这种运动就称为悬移运动。呈悬移状态的沙粒就为悬移质。悬移质的运动性质完全决定于高空气流结构。有时可以达到几百米甚至更高的高度，即所谓的沙尘暴。

沙尘暴是风沙流的特殊运移形式，是强风将沙尘吹起，使大范围空气混浊，能见度小于1km的灾害性天气现象。风沙流中颗粒物质的运移形式主要有蠕移、跃移和悬移三种。而沙尘暴主要是悬移质物质的长距离移动过程，其在空中停留时间和漂流距离与颗粒大小成反比关系。根据下面的公式，可以看出沙尘暴运移的一些特征（表2-2）。

$$悬移质空中停留时间\ t = \frac{40\varepsilon\mu^2}{\rho_s^2 g^2 d^4}$$

$$空中漂流距离\ L = \frac{40\varepsilon\mu^2 u}{\rho_s^2 g^2 d^4}$$

式中，ρ_s 为空气密度（kg/cm³）；

ε 为紊流交换系数；

μ 为空气的黏滞系数；

g 为重力常数；

d 为沙粒粒径。

表 2-2　沙尘在强风下在空中悬移的时间和所能到达的高度及距离

沙粒粒径（mm）	沉速（cm/s）	空中持续时间	移动距离	上升高度
0.001	0.0083	0.95~9.5a	4.5×10^5~4.5×10^6km	7.75~77.5km
0.01	0.824	0.83~8.3h	45~450km	78~775m
0.1	82.4	0.3~3s	4.5~45m	0.78~7.75m

跃移质和表层蠕移质都在地表附近运动，由于地面风向不断改变，所以它们一般都在本地区内来回流动，自本区外移的速度很慢。但高空的悬移质运动则不然，一次尘埃风暴就可以使大量细颗粒沙土自地面前移。例如，1934 年美国中部和南部久旱无雨，大风挟带着大量沙土横贯于大陆吹入大西洋，风暴过后，2 个月内有 47 天不见天日，43%的土地发生了严重的风蚀作用。在风暴中心65000km²范围内，80%以上的土地因为表土的丧失而失去耕作价值。

四、下垫面粗糙度

下垫面指的是地球表面及表面以上物体的起伏面。下垫面高低不平的起伏使得近地层内风的结构变化多样。下垫面在影响风的结构方面主要是以其几何形式出现的，通常将下垫面起伏归结为粗糙性的尺度问题。

粗糙度就是平均风速等于零的高度。在流体力学中，通常把固体表面凸出部分的平均高度叫作粗糙度。在近地面气流中，风力随高度的增加而增加，这是因为地面对气流的阻力随高度的增加而减小，因此在贴近地面某一高度上，可以找到风力与阻力相等的情况，此处风速等于零。这个风速等于零的高度就叫下垫面粗糙度。

粗糙度 Z_0的确定，通常都是以风速按对数规律分布为依据的。测定任意两高度处 Z_1、Z_2及它们对应的风速 V_1、V_2，设 $V_2/V_1=A$ 时，则得方程：

$$\log Z_0 = (\log Z_2 - A\log Z_1)(1-A)$$

当 $Z_2=200$cm，$Z_1=50$cm，将若干平均风速比 V_{200}/V_{50}代入方程，则：$Z_0=5.23\times10^{-3}$（cm）。所以 Z_0通常是一个常数。

对于颗粒比较均匀的纯流沙地来说，可以根据组成地面颗粒的平均尺寸近

似地求出粗糙度 Z_0。拜格诺（1941）研究发现，Z_0值接近床面沙粒直径的1/30；怀特（White，1940）得到该值约为沙粒直径的1/9；津格（Zingg，1953）则从风洞实验的结果发现，Z_0随粒径 d 的对数而变化。

粗糙度体现了地面结构的特征，地面越粗糙，摩擦阻力就越大，相应的风速的零点高度就越高，这样隔绝风蚀不起沙的作用就越大。因此，粗糙度不仅是衡量地表性质的尺度，更是衡量治沙防护效益的最重要指标之一。目前人类采取的许多防沙固沙措施，就是要改变地表的性质，增加或降低下垫面粗糙度，从而有效地控制或促进风沙流，变害为利，达到治沙目的。

下垫面粗糙度主要取决于地面组成物质及覆被物性状，它和风速、输沙量、地貌部位的关系密切，同时也受摩阻流速、扰动度的影响。

摩阻流速其物理意义是对因阻力而产生的风速梯度的衡量，其数值是正比于速度线与高度纵袖所夹角的正切，比例常数为0.4或5.75。摩阻流速在实践中十分重要。因为它把阻力、粗糙度及任意高度的风速等量地联系起来了。此外，摩阻流速是流体力学的一个概念，通过摩阻流速使风沙运动与流体力学的有机融合，可为风沙物理学建立理论基础。

风的扰动度是用风速的标准差被平均风速除的结果。这一概念可用来衡量短时间内风速的变化，说明风的扰动度对输沙量的影响。扰动度与粗糙度休戚相关，齐之尧（1978）曾在各种风速下对无林地和有林地进行观测，结果是粗糙度越大，风的扰动度越小。说明了防沙措施缓和了各次风速的差距，因而标准差缩短，扰动度随之变小。扰动度可以作为治沙防护效果评价的指标之一。

五、风力输沙

风具有能够搬运沙物质的能力。但不同等级的风具有不同的搬运能力。风在单位时间通过单位面积（或单位宽度）所搬运的沙量叫作输沙率。在文献中，有相当多的理论和经验公式用来计算输沙率。拜格诺根据跃移沙粒运动的特性轨迹（或平均轨迹），以动量变化为基础，从理论上推导出输沙率的表达式：

$$q = C\rho\sqrt{\frac{d}{D}}gu^3$$

式中，q 为输沙率［g/(cm·s)］；

D 为0.25mm标准沙的粒径；

d 为所研究沙的粒径（mm）；

u 为摩阻速度（cm/s）；

C 为经验系数，具有下列数值：

几乎均匀的沙 $C=1.5$；

天然混合沙（如沙丘沙）$C=1.8$；

粒径分散很广的沙 $C=2.8$。

用一定高度上量得的风速来表示输沙率时，可得：

$$q = Ac\sqrt{\frac{d}{D}}\rho/g(u - u_t)^3$$

式中，A 为常数，它的值是（$0.174/\log Z/Z_0$）；

u 为任意高度的风速。

为了更为普遍使用，拜格诺修改了这个公式，改变为：

$$Q = \frac{1.0 \times 10^{-4}}{\lg(100_Z)^3}t(u - 16)^3$$

式中，Q 为风在每米宽度所携带沙子的吨数；

t 为速度为 u（km/h）的风吹刮的小时数。

由于沙粒粒径和运动方式的差异，造成了气流中的含沙量在距地表不同高程的密度也不同，含沙量随高程迅速递减，在较高气流层中搬运的沙量少，而贴地面含沙量大。气流中所搬运的沙子在搬运层内随高度的分布，称为风沙流结构。许多学者在实验室或野外都进行过这种结构的研究。拜格诺发现在沙砾地区，沙子的最大跃移高度为2m；在沙面上，沙子最大跃移高度为9cm。切皮尔发现，在土壤表面，90%的风沙高度低于31cm；0~5cm高程内搬运的物质占总量的60%~80%。夏普（1964）发现，在沙砾地区90%的风沙高度低于87cm，平均高度63cm，已知最大实测高度为6~19m。吴正、齐之尧的野外观测表明，气流搬运的沙量绝大部分（90%以上）是在离地表30cm的高程内通过的，其中又特别集中分布在0~10cm的气流层内（约占80%），由此可见，风沙运动是一种贴近地面的沙子搬运现象。

第二节　风沙运移规律

风力、沙量和下垫面是影响风流沙的三大要素。风的方向、大小、频率等因素在某一地区基本上是不变的，但作用在不同的基点上却有着不同的变化，风力是促进或制约流沙的动力，沙源沙量的多少直接影响着风沙流的运移，而下垫面对风沙流的影响就变得十分复杂和奥妙。例如，地势的高低、起伏状况、沙粒的粗细、地表水分状况、地下水动态变化，土壤紧实度、植被的盖度和组成状况等都是直接影响风沙流的重要因素。

风沙流是指风与其携带的沙物质组成的运动气流。其基本规律是风沙流中含的沙量随垂直高度增加而减少，绝大部分沙粒是在贴近地面的 30cm 高程内，特别是在 0~10cm 高程的气流中输移。风速增大，输沙量显著增加。

关于风沙流的系统研究在 20 世纪的 30—50 年代取得了显著进展，许多知名学者利用了流体力学的原理，结合当时的研究成果，提出许多经验公式和理论。20 世纪 70—80 年代有些国家的研究人员开始利用高速摄影技术及风洞实验进行深入研究，90 年代由于高速摄影技术及计算机技术的快速发展，促进了风沙流研究水平的提高。国内外专家学者的研究重点都集中在沙粒运动特征，而且是单一颗粒运动特征及风沙流结构、输沙率、临界起沙风速、表面气流变化等研究方面。

一、风沙流结构

风沙流结构是指沙粒在风沙流中随高度分布的特征或规律。主要研究的内容是在不同风速、输沙量、地表粗糙度条件下，垂直高度上沙量分布及其随以上因素（V、Q、Z）的变化特征或规律（马玉明，1998）在研究沙漠治理技术的过程中，让我们清醒地认识到，只有搞清楚风沙流结构或规律，才能按自然规律制定行之有效的防治措施，达到改造自然，利用自然的目标。

1. 风沙运动规律

风沙流结构或规律的重要特征之一，即沙粒是在沿地表运动，其沙量在垂直高度上按一定的变化规律而分布。中外学者专家一致认为气流搬运的沙量绝大部分（90%以上）是在离沙质地表 30cm 左右的高度通过的，其中又特别集中分布于地表 0~10cm 的气流内（约占 80%）（吴正，1987）。对于这一理论在实践中得到验证，认识风沙运动的这一规律，对防沙治沙工程就有了可靠的科学依据。

在 0~10cm 高度气流层中，沙量的分布决定着风蚀与堆积的关系。根据兹纳门斯基、吴正、凌裕泉、马世威等专家的研究成果进行综合分析，对风沙流结构影响较大的因素是风速和下垫面，具体变化将分别进行阐述。

2. 不同风速下风沙流结构

在不同风速条件下，风沙流结构表现为在 0~10cm 高度层次内，风沙流结构随着风速增加，气流中的总沙量增加，上层（2~10cm）、中层（1~2cm）、下层（0~10cm）3 层的绝对输沙量都有所增加，但是相对输沙量是下层减少，中层略变，上层增加。所以随着风速的增加，沙粒搬运高度上升，地表出现风蚀。

3. 相同风速下风沙流结构

在同一风速条件下，随着总输沙量增大，进而增加了下层（0~1cm）气流中搬运的沙量，上层（2~10cm）气流中搬运的沙量相应地有所减少，而中层（1~2cm）则维持着略变状态。

为了研究风沙流结构特征与沙粒吹蚀、搬运和堆积的关系，吴正、凌裕泉（1987）引用了 λ 值作为判断的指标。

$$\lambda = Q_{2-10}/Q_{0-1}$$

式中，Q_{2-10}指 2~10cm 高度气流层内搬运的沙量（g/min 或%）（该经验值约占 40%）；

Q_{0-1}指 0~1cm 高度气流层内搬运的沙量（g/min 或%）（该经验值约占 40%）。

当 $\lambda=1$ 时，表示这时由沙面进入气流中的沙量和从气流中落入沙面的沙量，以及气流下（0~10cm）、下层（2~10cm）之间交换的沙量相差不大，沙粒在搬运过程中，无吹蚀亦无堆积现象发生；当 $\lambda<1$ 时，表明沙粒在搬运过程中，紧贴地表下层沙量增大很快，增加了气流能量的消耗，因此，造成沙粒跌落堆积；当 $\lambda>1$ 时，表明下层沙量处于未饱和状态，气流尚有较大的搬运能力，在沙源充足时，会有利于吹蚀出现风蚀；但在无充足沙源的坚实地表时，则会形成无吹蚀、无堆积的搬运现象。

4. 沙的风蚀和堆积

究竟在沙丘表面产生风蚀，还是形成堆积，主要决定于风沙流结构，因此，沙丘表面的风蚀和堆积作用直接受风速、沙量、下垫面等多种因素的控制。

（1）风速对风沙流结构的影响。风速是直接影响风蚀和堆积的重要因素，简单地说，有效风速产生风蚀，降低风速则会形成堆积。由于输沙量与风速是幂函数关系（马世威，1987），所以当风速超过起动值以后，风速的增加，造成风沙流所携带的沙量增加。如果地表干燥且无植被，地表就会形成风蚀。如果气流中的含沙量达到饱和时，风速稍有降低，沙粒就会很快降落在地表形成堆积。

（2）下垫面对风沙流结构的影响。下垫面的粗糙度表现了地表结构的特征，地表粗糙度大，摩擦阻力也大，相应地起沙风的速度也就越大，其粗糙度主要取决于地表组成物质、覆盖物形状、地形、地貌等因子。

在风速相同、下垫面不同情况下，总输沙量相似的风沙流结构中，下垫面粗糙度大的沙丘上部输沙量少于裸露的风蚀凹地，下部输沙量多于风蚀凹地；同风速不同下垫面，总输沙量不同的风沙流结构中，输沙量随高度增加而减少，但由于下垫面的影响，降低风速有所不同，相同风速、总输沙量相似情况下，因沙丘部位不同，风沙流结构会发生明显变化。这一结论是在野外实测中发现和验证的，与一些专家的结论较为吻合。

二、沙丘输沙量的变化

在论述了流动沙丘无植被的风沙运移情况，那么有植被的沙丘输沙量又是如何变化呢？与流动沙丘风沙运移是否有什么区别呢？为研究不同类型沙丘的风沙运移情况，在1986—1995年中日科技治沙合作研究期间与奥村武信教授合作对迎风坡坡脚栽植林木而使迎风坡各部位的风速和输沙量表现出的差异做了调查，并明确以迎风坡坡脚栽植的树木及草本植物对风沙流的抑制程度和范围为研究课题，进行了观测和分析。

1. 地表风速与输沙量的关系

把积沙仪的进沙口放置在与沙面同一高度上，经过一定时间积沙，同时测定附近的地表风速。为了在风速较小的时候，也能收集到数据，积沙地点多设置在丘顶，但有时也改换地点，因此，沙面的坡度、流沙的粒径及含水量等条件也有种种变化，在不考虑这些条件时，输沙量（Qs，g/min）与地表风速（V，m/s）的关系用式（2-1）表示。地表风速是积沙时间（6~60min）之内的平均风速，从这些观测值中得出输沙量与地表风速之间的相关关系紧密的关系式：

$$Qs = 3.876 \times 10^{-6} V^{7.86} \qquad R = 0.961 \tag{2-1}$$

与拜格诺（Bagnold）的输沙量关系中提出的近似于3的指数和赵氏等提出的关系式（忽略与沙尘量有关的界限风速）中的指数4.381相比，此关系式属于指数较大的关系式。但与在干旱状态的海岸沙丘观测的地上1m的风速与0~50cm的输沙量的关系相比，所得到的输沙量与地表风速的关系式并无特别之处。

2. 风沙运动中的质量守恒定理

风沙流作为运动的基质，在运动中同样遵守质量守恒定理。可以用连续性方程进行描述。

$$A_1 V_1 = A_2 V_2$$

式中，A_1为断面1处有效面积；

V_1为断面1处流体流动速度；

A_2为断面2处有效面积；

V_2为断面2处流体流动速度。

所以，在实际工作或调查中，经常会看到沙地防护林带、沙丘、路基、乔木林边缘发生严重风蚀的现象。实质是风通过林带空隙时，通风断面变小，风速增加，加速地面风蚀。因此，为提高植被防沙治沙的技术效果，有效增加地表植被覆盖度是非常必要的。

第三节 植物治沙原理

植物治沙是人们同风沙斗争中形成的共识并总结出的有效措施。从19—20世纪开始人们一直在探讨沙地植被的恢复技术。从植物种选择、繁育及大面积沙地人工植被的营建，改善了区域环境，有效地防止了风沙的危害，促进了人们生活和经济的发展。植物治沙需要具备植物成活、生长、发育的必要条件。因而利用植物改造沙漠化土地，首要问题是植物在流沙上如何成活与保存，以及其改造流沙环境的生态功能。

沙漠治理的基本原理就是研究制约植物治沙的各项技术措施的普遍规律，其根本问题是如何使植物在流动沙地上成活和保存，并利用这些植物改造流沙环境的功能。所以植物治沙的基本原理包括植物对流沙环境的适应原理以及植物对流沙固定作用原理两个方面。

一、植物对流沙环境的适应原理

流沙上分布的天然植物的种类和数量很少，但它们却有规律地分布在一定的流沙环境之中。它们对不同的流沙环境有各自的要求与适应性。这种特性是长期自然选择的结果，是它们对流沙环境具有一定适应能力的反映。

由于自然界已经产生了能够适应流沙环境的植物，我们便可以利用这些植物在流沙地区去恢复和建立植被，这便是植物治沙的物质条件和理论基础。

流沙环境具有多种条件，因而在长期的自然选择过程中，形成植物对流沙环境有多种适应方式和途径，这就为人们选择更合适的树种提供了依据，严酷的流沙环境对植物的影响是多方面的。其中干旱和流沙的活动性是影响植物最普遍、最深刻的限制因素，是制定各项植物治沙技术措施的主要依据。

1. 植物对干旱的适应

流沙地区的气候和土壤条件，决定了它的干旱性特征。由于流沙是干燥气候下的产物。因而降水量低、蒸发强烈、干燥度大、气候干燥是流沙地区最显著的环境特点。在长期干旱气候条件下，流沙上分布的植物，产生一定的适应干旱的特征，表现为：

(1) 萌芽快，根系生长迅速而发达。流沙上植物发芽后，主根具有迅速延伸达到稳定湿沙层的能力，同时具有庞大的根系网，可以从广阔的沙层内吸取水分和养分，以供给植物地上部分蒸腾和生长发育需要。

（2）具有旱生形态结构和生理机能。如叶退化，具较厚角质层、浓密的表皮毛，气孔下陷，栅栏组织发达，机械组织强化，贮水组织发达，细胞持水力强，束缚水含量高，渗透压和吸水力高，水势低等。

（3）植物化学成分发生变化。如含有乳状汁、挥发油等。挥发油含量与光有密切关系，也与旱生结构有密切关系。

2. 植物对风蚀、沙埋的适应

沙丘流动性表现在其迎风坡可能遭受风蚀，其背风坡可能遭受沙埋。沙生植物对流沙的适应性，首先表现在抗风蚀和沙埋上。分布于流动沙丘上的植物对风蚀、沙埋的适应能力，根据其适应特征，可归纳为 4 种类型，即速生型、稳定型、选择型和多种繁殖型。

（1）速生型适应。很多沙丘上的植物都具有迅速生长的能力，以适应流沙的活动性，特别是苗期速生更为重要。因为幼苗抗性弱，易受伤害，同时一般认为植物的自然选择过程，主要在发芽和苗期阶段，像沙拐枣、花棒、杨柴等植物，种子发芽后一伸出地面，主根已深达 10 多 cm，10d 后根可达 20 多 cm，地上部分高于 5cm。当年秋天，根深大于 60cm，地径粗约 0.2cm，最大植株高大于 40cm。主根迅速延伸和增粗，可减轻风蚀危害和风蚀后引起的机械损伤，根越粗固持能力愈强，植株越稳定。同时根越粗风蚀后抵抗风沙流的破坏能力也越大，植株不易受害。而茎的迅速生长，可减少风沙流对叶片的机械损伤危害，以保持光合作用的进行，同时植株越高，适应沙埋的能力也就越强。

属于苗期速生类型的植物有：沙拐枣、花棒、杨柴、梭梭、木蓼等。

而在沙丘背风坡脚能够安然保存下来的植物，则是那些高生长速度大于沙丘前移埋压的积沙速度的植物，如柽柳、沙柳、杨柴、柠条、油蒿、小叶杨、旱柳、沙枣、刺槐等。

苗期速生程度决定于植物的习性，而成年后能否速生与有无适度沙埋条件以及萌发不定根能力有关。

（2）稳定型适应。有些沙生植物及其种子，具有稳定自己的形态结构，以适应沙的流动性，如杨柴种子扁圆形，表皮上有皱纹，布于沙表不易吹失，易覆沙发芽，其幼苗地上部分分枝较多，分枝角较大，呈匍匐状斜向生长，对风沙阻力较强，易积沙而无风蚀，稳定性较好。沙蒿则以种子小，数量多，易群聚和自然覆沙，种皮含胶质，遇水与沙粒结成沙团，不易吹失，易发芽、生根，植株低矮，枝叶稠密，丛生性强，易积沙等特点适应沙的流动性。这类植物在流沙上全面撒播或飞播后，当年发芽成苗，效果较好，苗期易产生灌丛堆效应。

（3）选择型适应。花棒、沙拐枣、沙柳等植物的种子呈圆球形，上有绒毛、翅或小冠毛，易为风吹移到背风坡脚，丘间地或植丛周围等弱风处，通常风蚀少而轻，有一定的沙埋，对种子发芽和幼苗生长有利。植物生长迅速，不定根萌发力强，极耐沙埋，越埋越旺。这类植物能够以自身的形态结构利用风力选择有利的环境条件发芽、生长，以适应沙的活动性。

（4）多种繁殖型适应。很多沙生植物，既能有性繁殖，又能无性繁殖，当环境条件不利于有性繁殖时，它就以无性繁殖进行更新，以适应疏沙环境。这类植物有杨柴、沙拐枣、红柳、骆驼刺、沙柳、麻黄、沙蒿、白刺、沙竹、牛心朴子、沙旋复花等。

上述4种类型是沙生植物适应流沙风蚀、沙埋的基本类型（或基本特征），但是有些植物可以归属多种适应类型，而属于同种适应类型的不同植物种之间也有强烈差异。可以看出，沙生植物对流沙环境活动性的适应途径主要是避免风蚀，适度沙埋。风蚀愈深危害愈严重。适度沙埋则利于种子发芽，生根，可以促进植物生长，有利于固沙。但过度沙埋则造成危害。研究表明，沙埋的适度范可用沙埋厚度与灌木本身高度之比值（A）来衡量。$A \leqslant 0.7$ 为适度沙埋，$A>0.7$ 为过度沙埋。

3. 植物对流沙环境变异性的适应

流沙是一个不断发生变化的环境，尤其是在生长植物以后，随着植物的增多，流沙活动性减弱，流沙的机械组成、物理性质、水分性质、有机质含量、土壤微生物种类和数量、水分状况及小气候等均发生变化。随着这种环境的变化，植物的种类、组成、数量和结构也会相应的变化。根据国内外有关学者的研究，植物对环境变异的适应性变化，亦遵循一定的方向，一定的顺序，是有规律的。这种适应规律亦即沙地植被演替规律，这是恢复天然植被和建立人工植被各项技术措施的理论基础。

4. 灌丛沙堆效应

灌丛沙堆是沙地中的一种特殊地貌类型，是植物、水分、风沙活动三者关系协调的结果。同时，也表明植物也能够塑造沙地形态。一般情况，灌丛沙堆只有沙埋，而没有风蚀，沙埋厚度因植物品种而异，多数属于适度沙埋范围。说明灌丛沙堆有利于灌丛本身的生长、发育和保存。流沙中灌丛沙堆的分布是间断的，彼此间具有一定的距离，这一特征不仅制约着沙埋的厚度，也是灌丛根系生长、发育对水分适应的结果。灌丛沙堆消除风蚀，适度沙埋有利于适应干旱生境，从而促进灌丛生长、发育，提高灌丛的保存率，这种作用称灌丛沙堆效应，是植物对流沙环境的一种适应方式或适应特征。在沙地恢复植被时，采取稀植或块状栽植或流动沙丘集水分区造林具有重要的意义，是人为适应流沙环境，并改造流沙环境的重要措施。

二、植物对流沙固定作用原理

植物对流沙的固定作用原理是指在流动沙地环境下，由于植物存在，使流沙不受到风力的直接作用；沙漠地表所承受的风力始终低于起沙临界风速；提高地表起沙风速的临界值，使其大于当地地表风速平均值。

1. 植物固沙作用

植物以其茂密的枝叶和聚积枯落物庇护表层沙粒，避免风的直接作用，同时植物作为沙地上一种具有可塑性结构的障碍物，使地面粗糙度增大，大大降低近地层风速；植物可加速土壤形成过程，提高黏结力，根系也起到固结沙粒作用；植物还能促进地表形成生物结皮，从而提高临界风速值，增强了抗风蚀能力，起到固沙作用。其中植物降低风速作用最为明显也最为重要。植物降低近地层风速作用大小与覆盖度有关。覆盖度越大，风速降低值越大。风洞的测定结果表明（王雪芹等，2004），生物结皮的存在大幅度提高了起动风速，在25~30m/s 的风速下，生物结皮没有地表风蚀现象。其中，起动风速最大的是苔藓结皮、地衣结皮次之、藻结皮和藻类地衣结皮最小，而没有生物结皮的裸沙面起动风速为 8.42m/s。并且，生物结皮破损率低于 30%时，不会显著影响生物结皮的抗风蚀强度。因此，生物结皮可以有效地防止土壤风蚀，生物结皮与草灌木相结合的固沙技术已被认为是沙漠化地区固沙技术的新方向（肖洪浪，2003；胡春香，2002）。

2. 植物的阻沙作用

植物阻沙作用的原理是指在风沙运动中，风速被削减后，其搬运能力下降，输沙量也相应减少，使风沙流中的沙粒下沉堆积，实现植物阻沙的目的。此外，风沙流所搬运的沙粒超过其饱和度时，部分沙粒下沉堆积。

根据风沙运动规律，输沙量与风速的三次方呈正相关，具体表达公式如下。

$$Q=1.5\times10^{-9}\ (V-V_t)^3$$

式中，Q 为输沙量；

V 为近地表风速；

V_t 为沙地临界风速。

由于风沙流是一种贴近地表的运动现象，因此，不同植物固沙和阻沙能力的大小，主要取决于近地层枝叶分布状况。近地层枝叶浓密，控制范围较大的植物其固沙和阻沙能力也较强。

众所周知，风沙流结构特征之一，沙粒是沿地表面运动的。许多学者在实验室或野外进行过这种含沙量沿垂线分布的研究，气流搬运的沙量绝大部分（90%以上）是在地表0~30cm的高度内通过，其中又特别集中分布于0~10cm的气流层内（约占80%）。根据风沙流这一特征，有理由认为灌木林的防风固沙效果最好，灌木林可以有效地防止风沙流移动、减少输沙率，可以起到良好的防沙固沙作用（表2-3）。

表2-3　灌木林输沙量的比较　单位：g/（h·cm^2）

项目	沙柳	花棒	杨柴	紫穗槐	柠条	流沙
输沙率	2.53	4.02	0.89	2.57	2.76	65.42

根据样方的测定结果来分析，在库布齐沙漠的3~4年生柠条锦鸡儿，每丛根基部可以固沙0.2~0.3m^3；5年生以上的柠条锦鸡儿林地覆盖度可达0.7以上，每丛固沙0.5~1.0m^3；而成片的林地，一般平均覆沙厚度达到0.5cm左右。因此营造防风固沙林应当以灌木林为主体。尤其是在西北干旱半干旱地区更应该以灌木林为主要造林树种。

3. 植物改善小气候作用

小气候是生态环境的重要组成部分，流沙上植被形成以后，小气候将得到很大改善。在植被覆盖下，反射率、风速、水面蒸发量显著降低，相对湿度提高。而且随植被盖度增大，对小气候影响也愈显著。小气候改变后，反过来影响流沙环境，使流沙趋于固定，加速成土过程。根据徐文铎等（1998）研究在灌木固沙林的林内及林缘附近产生了良好的小气候效益，他们测算的林内风速比无林地降低69.0%~76.2%，空气湿度增加3.3%~13.1%，水面蒸发量降低54.8%~60.4%，土壤表面蒸发量降低35.2%。另据在乌兰布和沙漠地区测定表明，灌木林对小气候具有明显的改善作用（表2-4）。

表2-4　试验林内外小气候的变化

试验林前沿					林内					试验林后				
风速（m/s）	气温（℃）	地温（℃）	湿度（%）	积沙（cm）	风速（m/s）	气温（℃）	地温（℃）	湿度（%）	积沙（cm）	风速（m/s）	气温（℃）	地温（℃）	湿度（%）	积沙（cm）
6.23	12.5	22.9	38	27~33	2.44	12.76	20.4	54	0~4	5.14	11.9	19.3	51	0

当气流运动经过林地时，气流遇到灌木枝叶阻挡，气流和灌木枝叶间产生

的阻力会使气流产生摩擦和碰撞，改变和减弱了气流运动的形式，达到了降低风速的作用，对毛乌素沙地榆林地区科研人员的观测结果进行分析，10 年生的 5 种灌木降低风速作用十分明显（表 2–5）。

表 2–5　灌木林降低风速作用

项目	沙柳	花棒	杨柴	紫穗槐	柠条
0~5cm 分枝数	21.0	3.0	30.0	23.0	19.0
0.3m 处降风（%）	45.6	37.8	77.1	46.8	45.0
降低风速系数	0.5	0.6	0.3	0.5	0.5
2.5m 断面降风（%）	30.2	52.2	33.3	42.2	50.2

从 2.5m 高度来分析降低风速的平均值，其中花棒降低风速效果最好，可降低风速 52.2%；其次是柠条可降低风速 50.2%，紫穗槐可降低风速 42.2%，杨柴可降低风速 33.3%，沙柳可降低风速 30.2%。但是，如果从 0.3m 高度来分析降低风速的平均值，其结果却大不一样。其中杨柴降低风速效果最好，可降低风速 77.1%；其次是紫穗槐可降低风速 46.8%，沙柳可降低风速 45.6%，柠条可降低风速 45.0%，花棒可降低风速 37.8%。从两个高度来分析灌木林降低风速效果，为什么会出现如此大的差异呢，这就表现出不同灌木种的生理生态特征和生长势的差异。

花棒由于植株高大，遮挡范围也大，在 2.5m 处的防风效果较好，但在近地表枝叶较少，所以在该处的降低风速效果较差，而杨柴恰恰相反。近地表枝叶繁多，所以在 0.3m 处的降低风速效果较好，从防风固沙角度来分析，杨柴的防风固沙效果却要好于花棒。

4. 植物对风沙土的改良

在自然条件下，随着固沙植物的成长过程，植被的覆盖率逐渐增加，流动沙丘向半固定沙丘、固定沙丘演变。植物固定流沙以后，林地地表的粗糙度不断增加，大大降低了风速，林木根系和枯枝落叶可以加速土壤的形成过程，提高黏结力，促使地表形成“生物结皮”。

生物结皮的形成是土壤形成的明显特征，它具有非常强的抗风蚀能力，据资料报道，在风洞试验测定中，沙结皮可抵抗 25m/s 的强风。因此说它具有很好的固沙作用，并加速了风沙土的成土过程。尤其是固沙林土壤的质地变细、容重降低、孔隙度加大、持水量变大、有机质以及土壤养分含量提高、碳酸钙积累增加、易溶盐含量增加等现象，都充分说明了土壤的形成过程。例如，沙地营造杨树人工林后，土壤有机质含量比未造林地高 47.1%~107.4%，全氮高 133.3%~150%，速氮高 17.2%~54.6%。沙地杨树沙棘混交林，0~10cm 土层土壤有机质含量比沙地高 1.07 倍，全氮高 2.46 倍，全磷高 73.3%；10~20cm 土层除全氮全磷高于沙地外，其他养分含量均低于沙地。

闫德仁等测定 3 个不同年份生物结皮层养分含量和颗粒组成的变化，结果表明，和流动风沙土相比，13 年、20 年和 40 年生物结皮层有机质、全氮、速效磷、速效钾含量显著增加。苔藓结皮层有机质、全氮、全磷含量高于藻类结皮层。生物结皮层能够增加下层风沙土有机质、全氮含量，其影响深度通常为 0~5cm，但随着生物结皮形成年份的增加，其影响深度可达 20cm，甚至 40cm。流动风沙土和生物结皮层颗粒中 100~150μm 和 150~200μm 粒径级平均含量分别为 33.51%和 33.32%。和流动风沙土比，随着年份增加，生物结皮层颗粒 100~150μm 粒径级含量逐渐增加，特别是颗粒<2μm、<10μm、10μ~50μm 和 50μ~100μm 粒径级含量均显著高于流动风沙土，说明生物结皮层土壤颗粒变细的趋势明显。苔藓生物结皮层对下层风沙土<10μm 物理性黏粒影响深度为 0~5cm。沙漠生物结皮层具有明显富集养分和细颗粒物的能力，并随着生物结皮层形成年份的延长，这种能力也逐渐增加。生物结皮层能够增加其下层风沙土养分和细颗粒物含量，改善风沙土理化性质，对风沙土发育演变过程具有积极作用。

三、固沙植物水分平衡原理

水是植物赖以生存的基础，而固沙植物生长主要是利用天然降水，在风沙区进行植被重建和生态恢复时，必须考虑土壤水分的植被承载力，当达到新的植被-土壤水分平衡时，形成的稳定的植被是在给定降水条件下土壤水分的最大承载力。所以，固沙植物水分平衡问题是植物固沙能否长期稳定发挥其效益的基础。

从 20 世纪 50 年代开始，我国在广大的沙地、沙漠开展了大规模的绿色植被建设，并有效地防止了区域沙漠化的进展，同时也开展了很多定位研究工作，但随着树木的生长和其他自然因素的变化，沙地水分的供需矛盾日趋明显，地下水下降、大片植被死亡，严重地影响了防沙治沙工作成效。例如，腾格里沙漠南缘的民勤县 10 万亩沙枣人工林，近年来由于沙地水分严重亏缺，导致 9 万亩沙枣林枯死，剩下的 1 万亩沙枣也面临枯死的危险。在科尔沁沙地的章古台，以樟子松固沙技术研究而闻名，但由于造林密度过大（1250株/hm^2）导致土壤水分严重亏缺，树木生长表现出明显的衰退现象，生长季节树冠有明显的枯黄特征。同样由于林分密度过大，引起土壤水分亏缺，严重地影响了固沙林的生态稳定性，甚至林木死亡。科尔沁沙地人工乔木林死亡现象非常严重。赤峰陈家洼林场两行一带式杨树（2m×3m×5m），近10m高的杨树从地面1m以上片段性死亡；库伦旗2m×3m的杨树片林（胸径8~10cm，高8~10m）团块状死亡；阿鲁科尔沁旗人工油松林成片死亡等现象。

同样的沙地水分亏缺问题在其他的沙地（沙漠）也有明显的表现。库布齐沙漠的柠条林、巴丹吉林沙漠的梭梭林、毛乌素沙地的人工植被等都因造林密度过大而导致沙地土壤水分的亏缺，影响树木生长，甚至死亡。

根据中国科学院兰州沙漠研究所李新荣等在腾格里沙漠沙坡头研究站50余年的研究，认为沙坡头地区人工固沙植被建立50年后，灌木盖度10%，草本盖度30%~40%，植被总蒸散量为156. 4mm，年平均降水量为150. 6mm，降水（ET）与蒸散（P）比值（ET/P = 1. 03），接近天然植被区（ET/P=1. 18），而植被建立初期，ET/P远大于天然植被区，从水量平衡的角度印证了沙坡头地区人工固沙植被50年后具有较高的生态稳定性。

此外，沙区不同植物水分利用特征也不同。例如，油蒿主要利用20cm和10cm深处的土壤水分，其占全部水分来源的79%~87%。柠条利用土壤水分深度在100cm左右，占40%~50%，其次是60cm和150cm深处的土壤水分。20年和40年的梭梭主要吸水层在200~220cm深度，80%水分来源深层土壤水。樟子松的吸水深度主要在20~40cm土层，约70%水分来自20~80cm土层。

在科尔沁沙地和毛乌素沙地建群种为人工樟子松时，其控制密度在400~500株/hm^2时，可以维持正常的水量平衡及植被的稳定。在人工植被建立初期，柠条单一种群其密度应控制在1500株/hm^2，油蒿单一种群为1500株/hm^2，但两者混交时，柠条密度为1000株/hm^2，油蒿为600株/hm^2。

根据不同沙区人工植被稳定性维持的生态水文阈值研究结论，在降水量大于400mm地区，通过调控优势种密度，可形成稳定的乔木、灌木和草本结构的固沙林；在降水量200~400mm地区，通过生态系统自我调控和适当的平茬等密度控制来维持灌木固沙植被的稳定性；在降水量100~200mm地区，可建立并维持低盖度旱生灌木，以草本覆盖优势的固沙植被；而降水量小于100mm地区通过工程措施和维持低盖度旱生灌木，形成以上午结皮为主的、稀疏灌木为辅的固沙植被体系。

第四节　工程固沙原理

所谓工程固沙是特指采取沙障措施固定流动沙地的一种固沙技术方法。流动沙丘固定是防沙治沙工作中最重要的内容，一方面，因流动沙丘的流动性强，危害性较大，必须得到有效的治理和控制。另一方面，流动沙丘中的水分相对较好，但风蚀严重，建立人工植被时成活容易、保存难。所以，采取有效技术措施控制流动沙地风蚀是建立植被、控制流动沙丘危害的关键环节。

一、沙障作用原理

沙障，又称机械沙障、风障，是指采用各种材料在流动沙地表面设置的各种规格的障蔽物。其作用是通过控制风沙流方向、速度、结构、改变蚀积状态，防止风沙危害，保护目的植物成活和生长，达到防风阻沙、改变风的作用力及地貌状况等目的。因此，沙障既是固沙的主要措施，也是植物固沙的前提和必要条件。

沙障能够固沙的基本原理是沙粒是在沿地表运动，其沙量在垂直高度上按一定的变化规律而分布，或者说，风沙流中的含沙量随垂直高度增加而减少，80%~90%的沙粒是在贴近地面的 30cm 内范围，且又有大多数集中分布在贴地表的 0~10cm 范围内的气流中输移（图 2-1），当风沙流遇到障蔽物时，风速就会受到影响而降低，由于下垫面不同，其粗糙度发生变化，从而改变风沙流运动方向、速度、结构并改变地表的蚀积状态，减少风沙流对地表的直接吹蚀，降低气流中含沙量，如果气流含沙量达到其输沙能力，风速稍有降低，沙粒就很快降落停留在地表面，形成堆积。

从图 2-1 可以看出，在没有沙障条件下，11m/s 风速条件吹蚀 3min 后，在距地面 0~2cm 高度范围输沙量为 22. 25g/（4cm^2 · 3min），占距地面 0~24cm 高度总输沙量的 41. 45%；距地面 2~4cm 高度输沙量为 14. 53g/（4cm^2 · 3min），占总输沙量的 27. 08%；距地面 4~6cm 高度输沙量为 7. 12g/（4cm^2 · 3min），占总输沙量的 13. 27%，同时，随着距离地面高度的增加，输沙量显

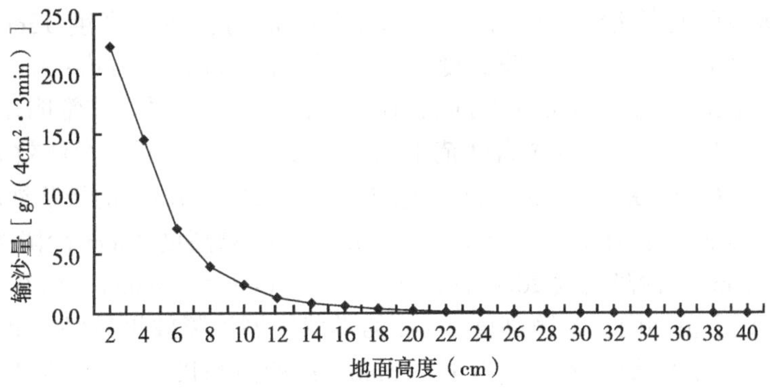

图 2-1　不同高度风沙流输沙量变化（风洞测定）

著降低，并且距地面24cm及以上高度，阶梯式集沙仪没有收集到积沙量。可见，在没有沙障条件下，风沙流主要是在近地表运动，且距地面0~6cm高度输沙量占总输沙量的81.82%，距地面0~10cm高度输沙量占总输沙量的93.3%。因此，设置距地面以上10cm高度的沙障就能够较好地拦截地表风沙流，减少风沙危害（图2-2）。

参考图2-1变化曲线，从图2-2中可以明显地看出，设置带状纱网沙障且沙障高度不同的距离，带状纱网沙障对拦截地表风沙流具有显著的效果，并且，风沙流结构也发生明显的变化，即输沙量最大的高度不是在距地表0~4cm高度范围，而是随着沙障高度差异而变化。如沙障高度20cm时，其输沙量最大高度是在距地面6~10cm高度范围，沙障高度10cm时，最大输沙量在距地面10~14cm高度范围，沙障高度15cm时，最大输沙量在距地面14~18cm高度范围，以后则随着距离地面高度的增加输沙量同样是急剧降低到零。

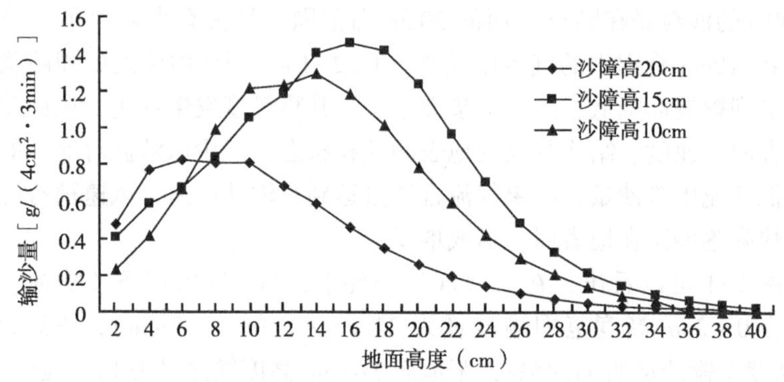

图2-2　带状沙障条件下输沙量变化

从沙障拦沙效果看，在距离地表0~40cm高度范围内，沙障高度10cm的带状纱网沙障总输沙量为10.81g/（$4cm^2$·3min）；沙障高度15cm沙障为13.30g/（$4cm^2$·3min），沙障高度20cm沙障为6.69g/（$4cm^2$·3min）；而无沙障对照为53.66g/（$4cm^2$·3min），说明纱网沙障拦沙效果非常明显。

同样，在距离地表不同高度范围内，因沙障高度不同其拦沙效果存在差异。例如，在距离地表0~6cm高度范围内，沙障高度10cm的带状纱网沙障效果最好，其输沙量为1.31g/（$4cm^2$·3min），沙障高度15cm沙障为1.66g/（$4cm^2$·3min），沙障高度20cm沙障为2.07g/（$4cm^2$·3min）。而在距离地表8cm高度以上范围内，沙障高度20cm的带状纱网沙障效果最好，例如，10~40cm高度其输沙量3.81g/（$4cm^2$·3min）；沙障高度15cm沙障为10.81g/（$4cm^2$·3min）；沙障高度10cm沙障为8.51g/（$4cm^2$·3min）。从这些变化中可以看出，设置带状纱网沙障后，沙障高度影响着风特征，改变了风沙流的运动轨迹，并且由于风动力和风速流场的变化，气流也发生了明显的紊动，改变着地表风沙流的结构，使沙障在控制地表风蚀方面起到了明显的作用。张克存等利用风洞模拟研究了不同孔隙度尼龙网对风沙流减弱作用，结果表明不同孔隙度的尼龙网不仅直接影响沙颗粒的穿透能力，而且还改变气流的紊动特性，最终对沙障的防护效益产生至关重要的影响。

风蚀积沙特征是影响流动沙丘固沙造林的重要因素。从图 2-3 中可以看出，不同沙障高度，沙障后 0H（H 为沙障高度）处积沙量最大，积沙厚度为 1.67~4.1cm；沙障前 0H 次之，积沙厚度为 0.97~2.34cm。同时，随着远离沙障距离，沙障两侧风蚀积沙深度存在差异。其中，当沙障高度 20cm 时，在纱网沙障迎风侧（障前）2H、1.5H 和 1H 位置发生风蚀，风蚀深度分别为 0.47cm、0.4cm 和 0.2cm，而在障前 0.5H 处形成 0.3cm 的积沙，同时在纱网沙障背风侧（障后）形成持续的积沙过程，并且在障后 0H 处最大，积沙厚度为 4.1cm。

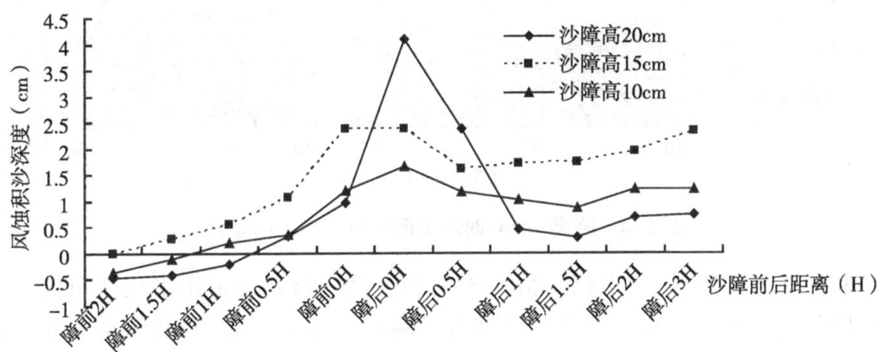

图 2-3　沙障前后不同距离风蚀积沙的变化

同样，当沙障高度 10cm 时，在纱网沙障迎风侧（障前）2H、1.5H 位置的风蚀深度分别为 0.34cm 和 0.1cm，而在障前 1H 处形成 0.2cm 的积沙，其他位置则形成持续的积沙过程，并且在障后 0H 处最大，积沙厚度为 1.67cm。但是，当沙障高度 15cm 时，无论是在纱网沙障迎风侧（障前），还是在背风侧（障后）不同的位置，均形成持续的积沙过程，并且在障后和障前 0H 处最大，积沙厚度均为 2.34cm。因此，我们可以认为，在纱网沙障迎风侧 2H 范围或背风侧 3H 范围内进行造林，均可以较好地控制因风蚀造成对苗木根系的危害，以提高造林成活率和保存率。事实上，在该沙障背风侧 30cm 范围内栽植樟子松、杨树（哲林 4 号）、黄柳成活率分别达到了 91.67%、95.35%、96.62%，且没有风蚀危害，第 2 年保存率 90%以上，并且草本植被盖度平均提高到 40%，风沙危害得到明显控制。

风是塑造风沙地貌形态的基本营力之一，也是沙粒发生运动的动力基础。所以设置沙障后，其风速流场变化可以评价该沙障的固沙效果如何。从图 2-4、图 2-5、图 2-6 中可以看出，在 20cm 以下高度范围内，沙障具有降低风速的效果，并且由于沙障高度不同，沙障两侧的风场变化特征也不同。

从图 2-4 中可以看出，当沙障高度 10cm 时，沙障背风侧 0~20cm 和 40~60cm 范围形成明显的弱风区，在沙障迎风侧（负值）0~30cm 范围内，风速呈现出逐渐降低的过程，但在设置沙障位置（0cm 距离）的上方 10cm 以上高空则形成 1 个高风速涡旋，并对悬移的沙粒运动产生影响，使空中的风沙流处于不饱和状态，并把沙粒运送到更远的距离，从而减少地表风蚀危害。

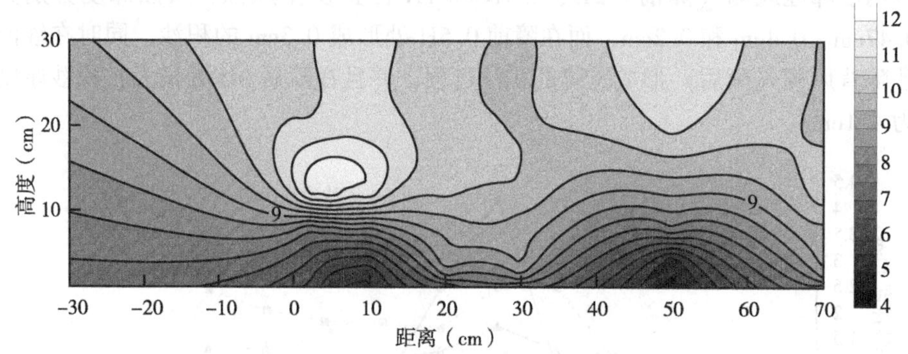

图 2-4　障高 10cm 时沙障两侧风速流场的变化

从图 2-5 中看出，当沙障高度 15cm 时，沙障背风侧范围形成弱风区。而在沙障位置（0cm 距离）上方及沙障背风侧 0~30cm 范围内空中则形成几个高风速涡旋，这反映出直压立式纱网随风运动前后摆动的特点，同时由于纱网有网眼又具有通风的作用。正如张克存等研究表明，不同下垫面通过影响风沙活动层气流的能量分布来影响风沙流的结构。所以，当沙障高度 15cm 时，纱网沙障对空中气流具有一定的扰动作用，出现 3~4 个高风速涡旋（图 2-5）。

同样，从图 2-6 中看出，当沙障高度 20cm 时，沙障背风侧范围形成弱风区，并在沙障位置（0cm 距离）上方及沙障背风侧 10cm 高空范围内形成 8~9 个高风速涡旋，进一步印证了直压立式纱网随风运动前后摆动对空中气流的扰动作用更加强烈，其降低风速的效果会更好。

此外，平铺式沙障是利用柴、草、卵石、黏土以及固沙剂等物质铺盖或喷洒在沙面上，以此隔绝风与松散沙层的接触，使风沙流经过沙面时，不增加风沙流中的含沙量，达到风虽过而沙不起，就地固定流沙的作用。而直立式沙障是在风沙流所通过的路线上，无论碰到任何障碍物的阻挡，风速就会受到影响而降低，风沙流所挟带沙子的一部分就会沉积在障碍物的周围，以此来减少风

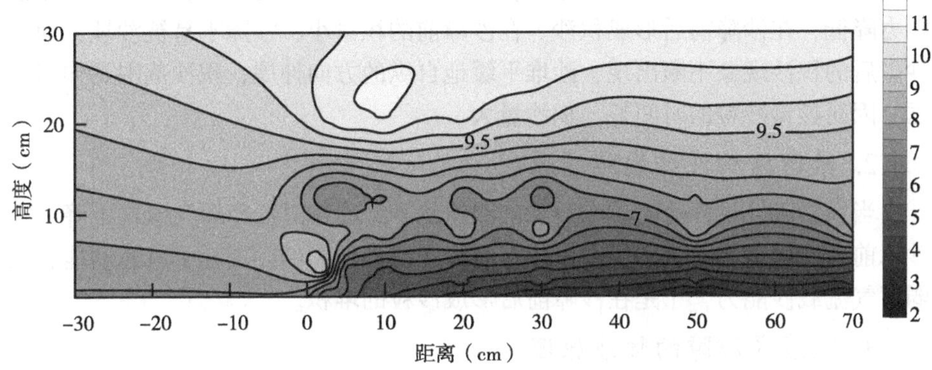

图 2-5　障高 15cm 时沙障两侧风速流场的变化

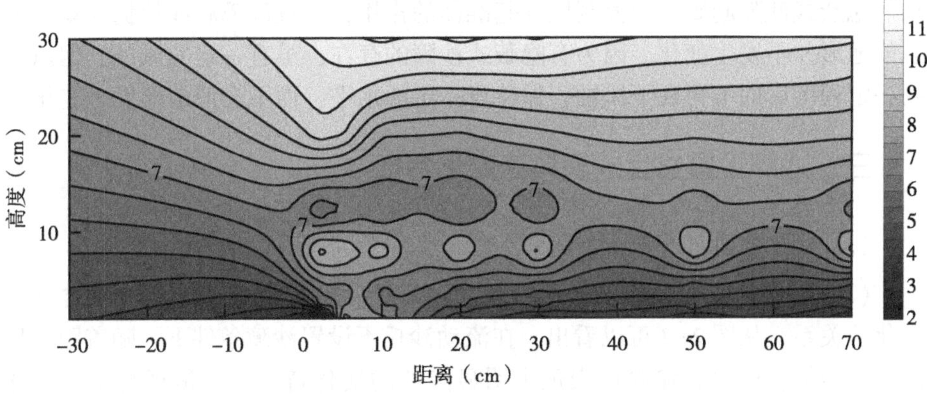

图 2-6　障高 20cm 时沙障两侧风速流场的变化

沙流的输沙量，从而起到防治风沙危害的作用。

二、沙障类型

根据设置直立式沙障的孔隙度差异，沙障可以划分为通风结构、疏透结构和紧密结构或不透风结构沙障。其中，通风结构沙障孔隙度大于 50%，适用于输沙。疏透结构沙障孔隙度一般在 10%~50%，适用于固沙，常用 20%~50%。紧密结构沙障孔隙度小 10%，适用于阻沙。此外，隐蔽式沙障则属于不透风结构，并起到控制风蚀基准面的作用，沙障设置后沙粒仍在动，但地形并不发生明显的变化。

1. 疏透结构沙障的作用原理

当风沙流经过沙障时，部分风沙流分散为许多紊流穿过沙障间隙，摩擦阻力加大，产生许多涡旋，互相碰撞，消耗了动能，使风速减弱，风沙流的载沙能力降低，在沙障前后形成积沙。在沙障前的积量小，沙障不易被沙埋，而在沙障后的积沙现象不断出现，沙堆平缓地自纵的方向伸展，积沙范围延伸得较远，因而拦蓄沙粒的时间长，积沙量大。

2. 紧密结构沙障的防沙原理

当风沙流经过沙障时，在沙障前被迫抬升，而越过沙障后又急剧下降，在沙障前后产生强烈的涡动，由于相互阻碰和涡动的影响，消耗了风速动能，减弱了气流载沙能力，于是在沙障前后形成沙粒的堆积。

3. 隐蔽式沙障的防沙原理

该沙障是埋在沙层中的立式沙障，障顶与沙面平齐或稍露出沙面，因此对地上部分的风沙径流影响不大，而它的主要作用是制止地表沙粒以沙纹式移动。隐蔽式沙障起到一个控制风蚀基准面的作用，设置沙障后沙粒仍在动，但总的地形并不发生变化。因为有隐蔽式沙障的存在，虽有一定的风蚀，但风蚀到一定程度后即不再往下风蚀，保持着一定的水平，而不会使地形发生变化。

三、沙障设置后近地表风速变化特征

1. 沙障对输沙量的影响

(1) 带状沙障的输沙量变化特征。输沙量反映了风速和风沙流中含沙量变化的关系。从图2-7可以看出，在流动沙丘不设置沙障条件下，随着距离地面高度增加，近地表输沙量表现出明显降低的变化特征，并呈现幂函数变化

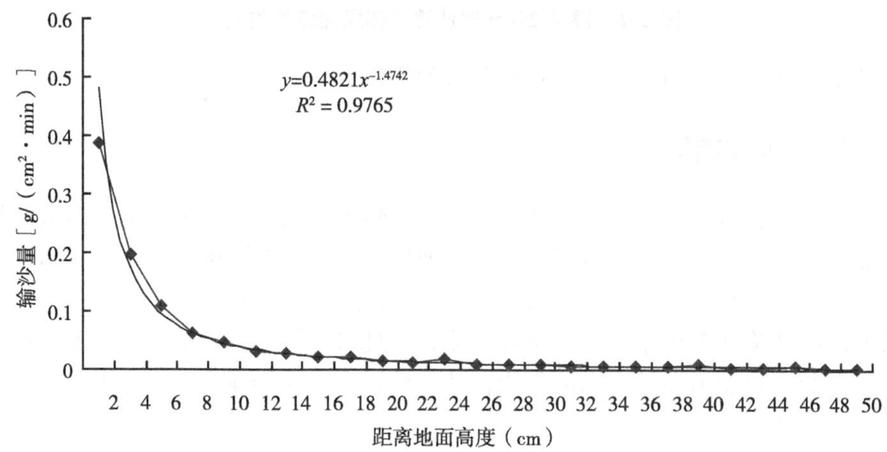

图 2-7　对照（无沙障）条件输沙量变化特征

($R^2 = 0.9765$)。其中，在地表 0～2cm 高度范围内（2cm），输沙量高达 0.387g/（cm² · min），而 2～4cm 范围内（4cm），输沙量则急剧下降到 0.1961g/（cm² · min），分别占 0～50cm 高度范围总输沙量的 37.3% 和 18.9%，两者合计占总输沙量 56.2%。也就是说，风沙流主要在近地表搬运大量的沙物质。同样，0～10cm 高度范围输沙量为 0.8017g/（cm² · min），占总输沙量 77.2%。0～20cm 高度范围输沙量为 0.9205g/（cm² · min），占总输沙量 88.7%。根据这样的变化特征，设置约 10cm 高度的直压立式纱网沙障能够显著拦截近地表风沙流中的沙物质，并减少风沙危害。

图 2-8 是不同带宽直压立式纱网沙障降低风沙流中沙物质的作用效果。在流动沙丘上设置沙障后，由于纱网材料具有随风摆动的特点，其输沙量随高度的变化曲线呈现波动特征，并不像无沙障时（图 2-7）那样平滑。但是，输沙量变化的总趋势还是随高度增加而降低，且相同高度内的输沙量明显低于无沙障条件，并均呈现出幂函数变化特征（表 2-1）。

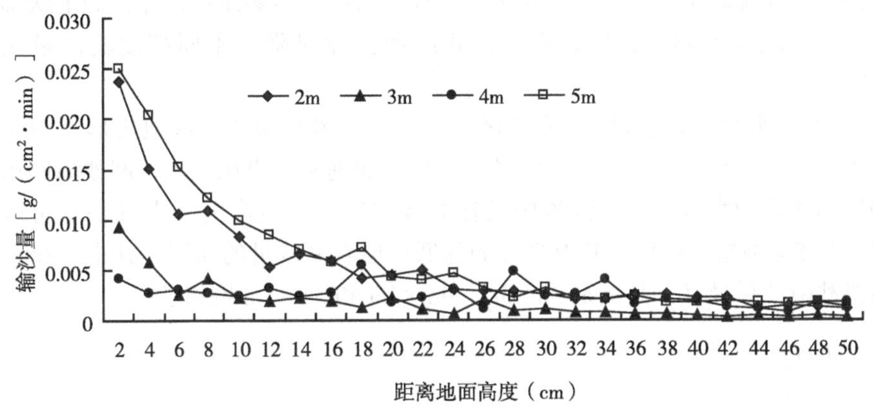

图 2-8　带状纱网沙障输沙量变化特征

从图 2-8 看出，0～4cm 高度范围内，4m 宽带状直压立式纱网沙障降低输沙量效果最好，其次分别为 3m、2m 和 5m 宽带状沙障。而在 0～10cm 高度范围，4m、3m、2m 和 5m 带状直压立式纱网沙障输沙量分别比对照［0.8017g/（cm² · min）］降低 98.1%、97.0%、91.4%和 85.9%，分别占 0～50cm 高度范围总输沙量的 23.9%、53.1%、52.8%和 62.2%。同样，0～20cm 高度范围，4m、3m、2m 和 5m 带状直压立式纱网沙障输沙量分别比对照［0.8017g/（cm² · min）］降低 96.7%、96.1%、89.7%和 84.2%，分别占 0～50cm 高度范围总输沙量的 48.4%、74.3%、73.2%和 80.3%。说明，在流动沙丘合理设置沙障后，对降低近地表风沙流中的沙物质搬运具有显著作用。

此外，和对照相比，设置带状直压立式纱网沙障对0~10cm高度范围输沙量降低程度不同。例如，在地表2cm高度范围内，4m带状沙障输沙量为0.00425g/（cm^2·min），2~4cm高度范围内的输沙量为0.00265g/（cm^2·min），分别占0~50cm总输沙量［0.0634g/（cm^2·min）］的6.7%和4.2%，两者合计为10.9%，而相同条件下无沙障时，两者合计为56.2%。同样，3m带状沙障，在2cm范围内输沙量为0.0093g/（cm^2·min），2~4cm范围内为0.0057g/（cm^2·min），分别占0~50cm总输沙量的20.7%和12.7%，两者合计为33.3%。2m带状沙障，在2cm范围内输沙量为0.02375g/（cm^2·min），2~4cm范围内为0.01515g/（cm^2·min），分别占0~50cm总输沙量的18.3%和11.6%，两者合计为29.9%。5m带状沙障，在2cm范围内输沙量为0.0250g/（cm^2·min），2~4cm范围内为0.0364g/（cm^2·min），分别占0~50cm总输沙量的13.8%和20.1%，两者合计为33.9%。闫德仁等研究表明，设置直压立式纱网沙障后，在沙障上方及沙障背风侧形成多个数量不等的高风速涡旋，并扰动了近地表风沙流运行特征。所以，沙物质在沙障拦截下跃移后进入风沙流向前移动，导致直压立式纱网沙障对降低不同高度输沙量比例下降。

（2）网格状纱网沙障的输沙量变化特征。风是塑造风沙地貌形态的基本营力之一，也是沙粒发生运动的动力基础。而网格状直压立式纱网沙障四周受到纱网摆动的影响，对风沙流中悬移的沙粒运动产生作用。从图2-9可以看出，2~5m网格沙障同样具有良好的降低近地表输沙量的作用。其中，2m×2m网格沙障效果最好，其次是3m×3m、4m×4m和5m×5m网格沙障。

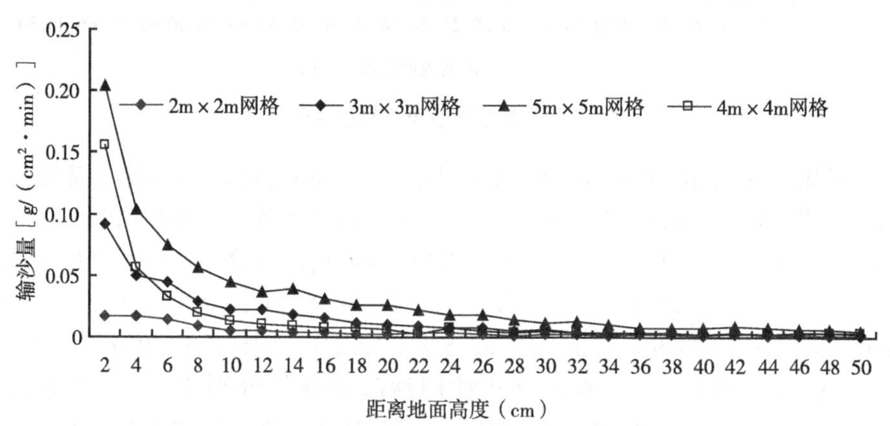

图2-9　网格状纱网沙障输沙量变化特征

和带状沙障（图2-8）相比，设置网格沙障后，输沙量随高度变化曲线更接近平滑（图2-9），同样呈现出幂函数变化特征（表2-6）。0~10cm高度范围，2m、3m、4m、5m网格沙障的输沙量分别比对照［0.8017g/（cm^2·min）］降低92.1%、70.4%、65.3%和39.9%，分别占0~50cm高度范围总输沙量的54.6%、61.2%、59.6%和73.2%。同样，0~20cm高度范围，2m、3m、4m、5m网格沙障的输沙量分别比对照［0.92045g/（cm^2·min）］降低91.2%、65.6%、65.1%和30.5%，分别占0~50cm高度范围总输沙量的70.4%、81.8%、84.4%和79.2%。

和对照相比，2m网格沙障，2cm高度范围的输沙量为0.0173g/（cm^2·min），2~4cm高度范围为0.01655g/（cm^2·min），4~6cm高度范围为0.0145g/（cm^2·min），分别占0~50cm总输沙量［0.11525g/（cm^2·min）］的15.0%、14.4%和12.6%，三者合计占总输沙量42.0%。3m网格沙障，2cm、4cm和6cm高度范围的输沙量分别为0.09115g/（cm^2·min）、0.04965g/（cm^2·min）和0.0451g/（cm^2·min），分别占0~50cm总输沙量［0.38765g/（cm^2·min）］的23.5%、12.8%和11.6%，三者合计占总输沙量47.9%。4m网格沙障，2cm、4cm和6cm高度范围的输沙量分别为0.15615g/（cm^2·min）、0.05645g/（cm^2·min）和0.0325g/（cm^2·min），分别占0~50cm总输沙量［0.37995g/（cm^2·min）］的41.1%、14.9%和8.6%，三者合计占总输沙量64.5%。同样，5m网格沙障，2cm、4cm和6cm高度范围的输沙量分别为0.2042g/（cm^2·min）、0.10305g/（cm^2·min）和0.0742g/（cm^2·min），分别占0~50cm总输沙量［0.80785g/（cm^2·min）］的25.3%、12.8%和9.2%，三者合计占总输沙量47.2%。可见，距离地表相同高度范围，随着沙障网格的加大，输沙量也增加，同时，拦截的沙物质的比例也在增加。张克存等认为下垫面性质通过影响风沙活动层气流的能量分布来改变风沙流结构。因此，和带状沙障相比，反映出网格沙障的输沙量明显偏高，尽管沙障材料相同。其原因可能和沙障设置在地表后的几何形状不同有关，加之纱网随风的摆动作用不同，风沙流中悬移的沙粒增加，并引起带状、网状沙障输沙量数值差异较大。

表2-6 纱网沙障输沙量随高度变化拟合曲线

沙障规格	拟合曲线	R^2 值	沙障规格	拟合曲线	R^2 值
2m带状	$Y=32.774X^{-0.9451}$	0.9257	2m×2m网格	$Y=24.72X^{-0.8707}$	0.8757
3m带状	$Y=11.677X^{-0.9815}$	0.8657	3m×3m网格	$Y=140.73X^{-1.1921}$	0.9599
4m带状	$Y=4.4358X^{-0.2828}$	0.2667	4m×4m网格	$Y=106.85X^{-1.1715}$	0.9269
5m带状	$Y=42.729X^{-1.0135}$	0.9453	5m×5m网格	$Y=264.8X^{-1.1251}$	0.9705
无沙障对照	$Y=482.12X^{-1.4742}$	0.9765			

2. 沙障对降低风速的影响

（1）带状纱网沙障的风速变化特征。张克存等利用风洞模拟研究了不同孔隙度尼龙网沙障对风沙流减弱作用。结果表明不同孔隙度的尼龙网沙障不仅直接影响沙颗粒的穿透能力，而且还改变气流的紊动特性，最终对沙障的防护效益产生至关重要的影响。同样，直压立式纱网沙障也具有随风运动而进行前后摆动的特性，同样兼有疏透通风功能，对近地表风速扰动作用加强。

从图 2-10 中可以看出，在 8.9m/s 风速（200cm 高度）条件下，设置带状沙障后，风速随高度变化的拟合曲线呈现幂函数关系（表 2-6），并且带状沙障影响风速变化的高度范围主要在 10～30cm。和对照样地（5.71m/s）相比，10cm 高度范围，2～4m 带状沙障风速分别为 3.94m/s、4.25m/s 和 4.37m/s，其风速降低率分别为 31.0%、25.6% 和 23.5%，平均降低风速 26.7%。而 5~6m 带状沙障的风速几乎没有变化。而在 30cm 高度范围，2~4m 带状沙障风速分别比对照样地（7.0m/s）降低 25.7%、16.4%和 9.7%，平均降低风速 17.3%；同样，在 50cm 高度范围分别比对照样地（7.91m/s）降低 13.4%、11.4%和 10.5%，平均降低风速 11.8%。说明，随着距离地面高度增加，2~4m 带状沙障降低风速效果在减弱，并影响近地表输沙量的变化，即 0~10cm 高度范围内，2~4m 带状沙障的输沙量明显低于 5m 带状沙障。

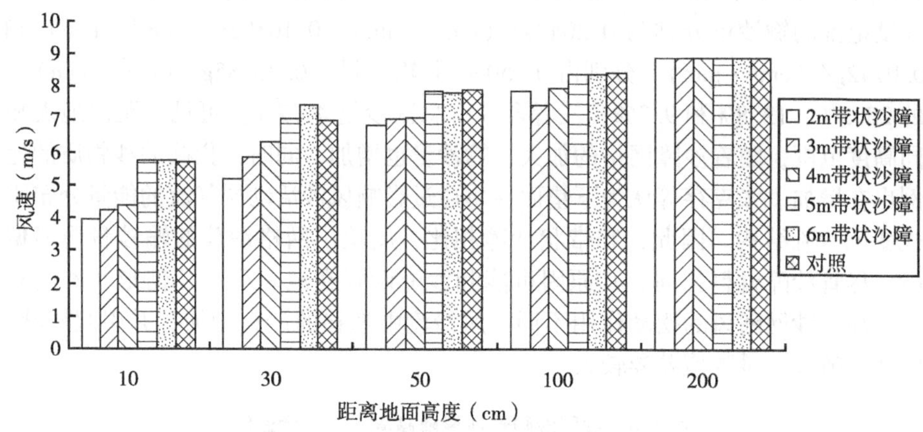

图 2-10　带状纱网沙障对风速变化的影响

（2）网格状纱网沙障的风速变化特征。同等风速条件下，网格沙障能够有效地抵抗风向对降低风速效果的影响。通常情况，网格沙障降低风速的效果更好。从图 2-11 看出，在距离地面高度 50cm 以下，网格沙障具有良好的降低近地表风速的效果，且随高度增加风速变化呈现幂函数关系（表 2-7）。且 2~5m 网格沙障降低风速效果明显。

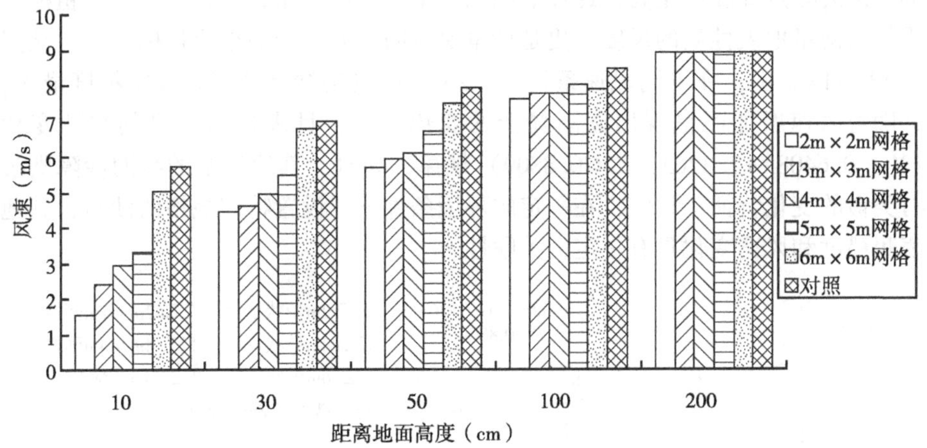

图 2-11 网格纱网沙障对风速变化的影响

表 2-7 纱网沙障对风速随高度变化影响的拟合曲线

沙障规格	拟合曲线	R^2 值	沙障规格	拟合曲线	R^2 值
2m 带状	$Y=3.8388X^{0.5154}$	0.9911	2m×2m 网格	$Y=1.7315X^{1.0717}$	0.9672
3m 带状	$Y=4.2672X^{0.4387}$	0.9880	3m×3m 网格	$Y=2.4819X^{0.8094}$	0.9949
4m 带状	$Y=4.4358X^{0.2828}$	0.2667	4m×4m 网格	$Y=2.9823X^{0.6806}$	0.9964
5m 带状	$Y=5.7948X^{0.2697}$	0.9989	5m×5m 网格	$Y=3.4095X^{0.6120}$	0.9933
6m 带状	$Y=5.9088X^{0.2604}$	0.9690	6m×6m 网格	$Y=5.1504X^{0.3339}$	0.9787
无沙障	$Y=5.7479X^{0.2783}$	0.9971			

在 10cm 高度范围，2～5m 网格沙障风速分别为 1.54m/s、2.41m/s、2.95m/s 和 3.31m/s，其风速分别比对照样地（5.71m/s）降低 73.0%、57.8%、48.3%和 42.0%，平均降低风速 55.3%。如果和带状沙障风速降低率比较，网格沙障的风速降低率接近 50%左右，反映出网格沙障强大的降低风速的作用效果。而在 30cm 高度范围，2～5m 网格沙障风速分别比对照样地（7.0m/s）降低 36.3%、34.1%、29.3%和 21.7%，平均降低风速 30.4%；同样，在 50cm 高度范围分别比对照样地（7.91m/s）降低 28.4%、25.0%、23.0%和 15.4%，平均降低风速 23.0%。说明网格沙障的防风效果明显，更能够有效控制近地表风沙流的危害。

3. 沙障地表粗糙度变化特征

地表粗糙度体现了地面结构的特征，地面越粗糙，摩擦阻力就越大，相应的风速的零点高度就越高，这样隔绝风蚀不起沙的作用就越大。因此，粗糙度不仅是衡量地表性质的尺度，更是衡量治沙防护效益的最重要指标之一。从图2-12可以看出，在不同风速条件下，2m×2m网格纱网沙障地表粗糙度最大，并随着风速增加而呈现出逐渐降低的变化特征，且表现出明显的线性变化（$Y=-0.6408X+7.3263$，$R^2=0.8809$）规律。同时，其他规格的纱网沙障则没有类似的变化特征。说明，在一定的环境条件下，设置特定规格的沙障，其地表粗糙度和风速变化具有一定的关联性。

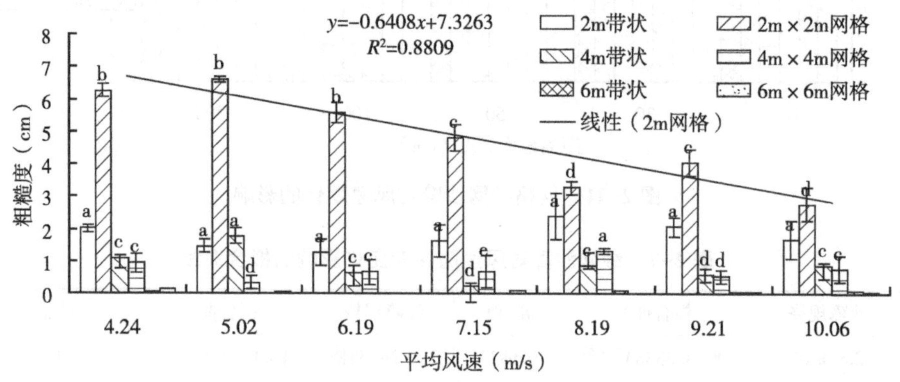

图2-12　纱网沙障下粗糙度变化

如果从近地表粗糙度及平均风速变化特征判断，平均风速从4.24m/s增加到10.06m/s时，2m×2m网格纱网沙障的平均粗糙度为4.76cm，其防风效果最好。而2m带状沙障为1.77cm，4m×4m网格、4m带状、6m×6m网格和6m带状纱网沙障的平均粗糙度分别为0.74cm、0.85cm、0.04cm和0.06cm。表明随着纱网沙障设置规格的增大，其防风效果降低。其中，在流动沙丘设置2m×2m网格或带状纱网沙障具有良好的防风效果；其次是设置4m带状或4m×4m网格纱网沙障也具有一定的防风效果，但设置6m带状或6m×6m网格纱网沙障几乎没有发挥降低风速的作用。通常，在旷野流动沙丘平均粗糙度约为0.024cm。

此外，从图2-13还可以看出风速比值变化特征。尽管风速不同，但对照区风速比值几乎没有变化，其平均为1.18，其变化范围在1.12~1.21。而2m×2m网格纱网沙障的风速比值变化范围在3.33~8.23，其平均值为5.46；2m带状沙障风速比值变化范围在2.44~3.09，其平均值为2.74；而4m×4m网格、4m带状、6m×6m网格和6m带状纱网沙障的平均风速比值分别为2.15、2.20、1.56和1.50。同样，反映出2m×2m网格沙障表现出较好的防风效果。因为，同近地表粗糙度指标一样，200cm和10cm高度的风速比越大，

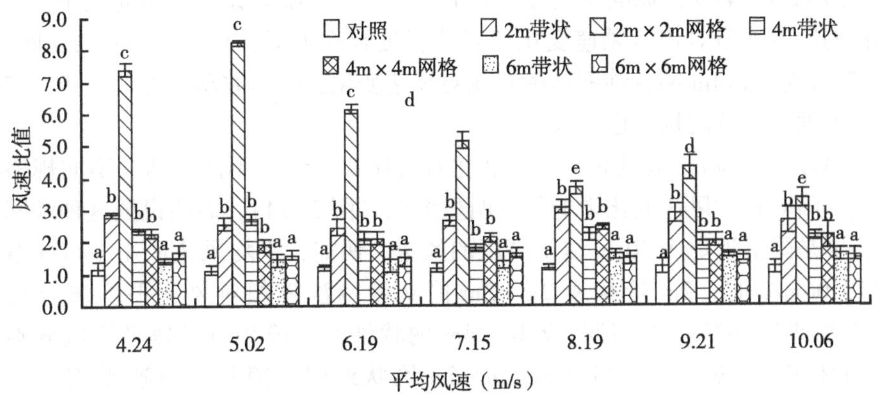

图 2-13 纱网沙障下风速比值的变化

其降低风速效果也越明显，也就越有利于减少风对流动沙丘地表的直接吹蚀作用，其隔绝风蚀不起沙的作用也就越大。

4. 纱网沙障相对风速变化特征

相对风速反映了沙障防风能力变化的特征。相对风速越低，沙障防风效能则越高，或者说设置沙障对降低风蚀危害的效果越好。从图 2-14 看出，不同风速条件下，随着风速或设置纱网沙障网格的加大，10cm 高度处相对风速值呈现出增加的趋势。例如，平均风速从 4. 24m/s 增加到 10. 06m/s 时，2m 带状纱网沙障相对风速的变化标准误差为 1. 28%，平均值为 43. 18%；2m×2m 网状纱网沙障相对风速平均值为 23. 89%，标准误差为 3. 12%，4m 带状或 4m×4m 网状纱网沙障相对风速平均值分别为 54. 59%或 53. 11%，标准误差分别为 2. 89%或 2. 82%，而 6m 带状或 6m×6m 网状纱网沙障相对风速平均值高达

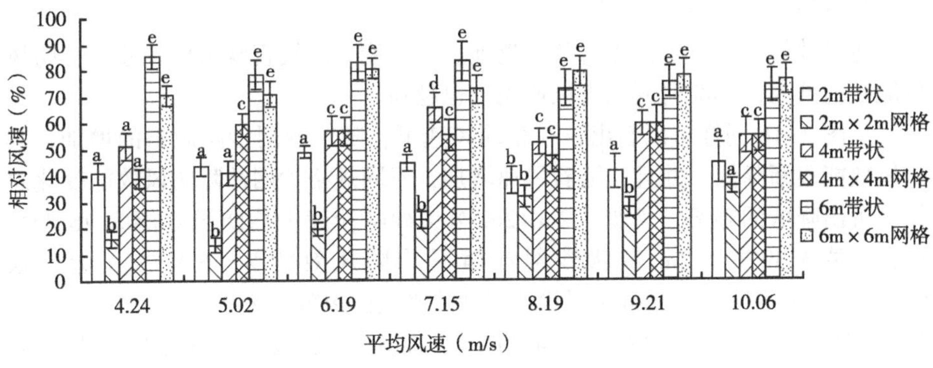

图 2-14 纱网沙障 10cm 高处相对风速变化

78.99%或75.48%，标准误差分别为1.89%或1.56%。说明，不同风速、不同规格的纱网沙障对相对风速变化的影响程度存在差异，或者说2m×2m网状、4m带状或4m×4m网状纱网沙障对相对风速变化影响的波动性更大一些，相应地对近地表风沙流扰动也较大。

另外，从30cm高处相对风速变化看（图2-15），不同风速、不同规格的纱网沙障对相对风速变化影响程度明显降低（图2-14），表明设置这种纱网沙障主要是降低近地表30cm以下高度的风速。例如，平均风速从4.24m/s增加到10.06m/s时，2m带状或2m×2m网状纱网沙障相对风速平均值分别为72.26%或74.93%，4m带状或4m×4m网状纱网沙障相对风速平均值分别为79.90%或78.69%，6m带状或6m×6m网状纱网沙障相对风速平均值高达90.34%或83.23%。因此，可以根据10cm高度处相对风速变化值量化评估纱网沙障的防风效果。

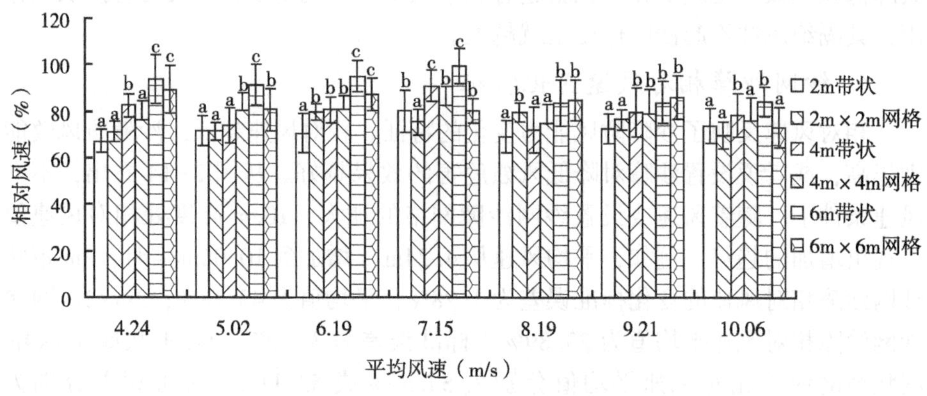

图2-15 纱网沙障30cm高处相对风速变化

5. 纱网沙障防风效能变化

防风效能是指设置沙障后削弱近地表风速能力的较直观指标。通常，防风效能数值越高，其削弱近地表风速能力也越强。

从图2-16同样可以看出，在相同风速下，随着纱网沙障规格的增加，其防风效能逐渐降低。并且，随着风速增加，不同规格纱网沙障防风效能变化总体呈现出降低的趋势。例如，2m×2m网状纱网沙障平均防风效能为76.11%（标准误3.39%），2m带状纱网沙障平均防风效能为56.82%（标准误8.26%）；4m带状或4m×4m网状纱网沙障平均防风效能分别为45.41%（标准误7.66%）或44.89%（标准误4.17%），而6m带状或6m×6m网状纱网沙障平均防风效能分别为21.63%（标准误4.29%）或25.52%（标准误4.15%）。说明，纱网沙障设置规格是影响其防风效能的重要因素，或者说，在流动沙丘

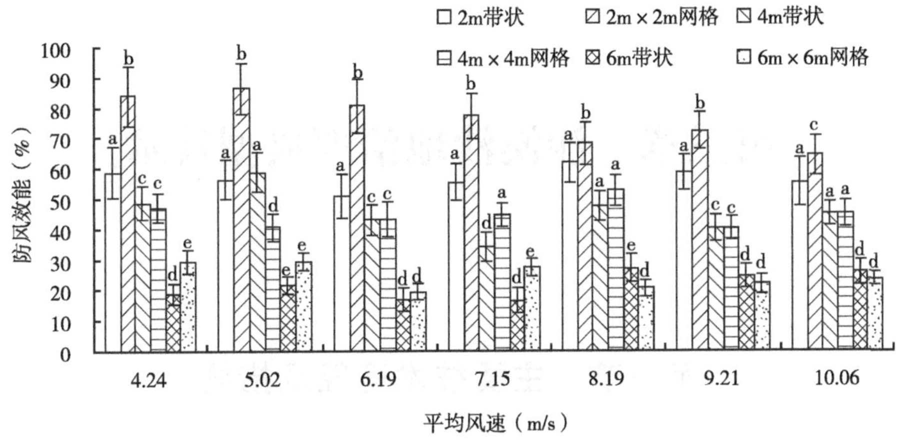

图 2-16　纱网沙障 10cm 高处防风效能变化

设置沙障时，选择适宜的沙障规格能够较好地发挥其防风固沙效果。

直压立式纱网沙障也具有随风运动而进行前后摆动的特性，同样兼有疏透通风功能，对近地表风速扰动作用加强。所以，本研究结果表明在流动沙丘设置不同规格纱网沙障对近地表风速的减弱作用明显。同样，张克存等利用风洞模拟研究结果表明不同孔隙度的尼龙网沙障不仅直接影响沙颗粒的穿透能力，而且还改变气流的紊动特性，最终对沙障的防护效益产生至关重要的影响。高天笑等研究了设置羽翼袋沙障后，不透风羽翼片的波动也能够削弱风速，其防风效果平均增加了 48%。

关于沙障设置规格对近地表风速变化的影响，韩致文等认为，设置 HDPE（高密度聚乙烯）纱网材料的方格沙障，沙障距离地面高且降风效应相对显著，而沙障高度相同时，小网格沙障降风效应相对显著，且沙障高度以下愈近地面风速削弱作用越明显。何志辉等研究了尼龙纱网的防风阻沙效益，认为风速的降低程度与纱网的孔隙结构密切相关，其中，纱网孔隙均匀分布其防风阻沙效果最好。本研究表明，纱网沙障设置规格是影响其防风效能的重要因素，且主要是降低近地表 30cm 以下高度的风速，其中降低近地表 10cm 以下高度风速的效果更好。李锦荣等认为沙障高度对风速影响极显著，而沙障规格对风速影响不显著。杜鹤强等研究了乌兰布和沙漠沿黄河区域下垫面特征及风沙活动，结果表明，沙丘各部位 90%以上的输沙量集中到 10cm 高度以下，这和本研究纱网沙障显著降低近地表 10cm 以下高度风速，减少风沙危害的结论是一致的。

第三章　沙漠沙地治理典型技术

第一节　主要技术途径及措施

一、技术途径

依据风沙运移规律，沙漠治理的技术途径可归纳为“固”“阻”“输”“导”等。

1. 固沙

固沙的理论依据是提高沙粒抗蚀力，或沙粒的内聚力。无凝聚力的松散沙抗蚀力弱，易为起沙风所吹扬。根据风与沙粒（下垫面）二者相结合产生风沙运动的规律，可人为地采取使二者隔离或半隔离手段，抑制沙粒吹扬，从而控制风沙流的形成。固沙又分为化学固沙和抗风蚀材料固沙，抗风蚀材料固沙又分为生物固沙和物理固沙。

2. 阻沙

阻沙的理论依据是运用风沙蚀积饱和规律，改变蚀积周期，人为使沙子堆积，让风力降低而不能起动沙粒形成风沙流。阻沙的主要措施是要设障碍物，当起沙风遇到障碍物时，在它前后形成一个风影区（保护范围），使风速降低到不能起动沙粒。

3. 输沙

输沙的理论依据是运用风沙与下垫面相互作用及风沙蚀积饱和规律，人为采取措施减少下垫面粗糙度以及改变下垫面形式，加大近地表风速，使风沙流处于不饱和状态，延长饱和路径长度，从而破坏风沙流运动的蚀积状况，把堆积变成搬运，达到输走的目的。

吹蚀与堆积是风沙流与沙质地表相互作用的结果。气流搬运沙粒是以风沙流形式进行的，如果经过沙地表面的风沙流有足够的速度，其由速度决定的挟沙能力超过它实际的挟沙量，即风沙流为不饱和风沙流时，风沙流对地面只能产生风蚀，而不出现堆积。这时风沙流会扫荡所经地面的沙物质，形成光洁的不积沙断面。

风力、沙源和地形条件以及下垫面的性质是影响上述现象的主要因素。公路输沙的目的在于通过控制这些因素，加以因势利导，在路幅和路旁地带设置工程措施，创造沙子非堆积吹蚀搬运条件，避免沙子沉积，消除积沙，以确保公路畅通。

输沙断面就是通过工程措施，造成沙子非堆积的吹蚀搬运条件，其作用原理如下。

（1）通过加速风力堤（或扬沙堤、切断堤）加大风速，增加气流搬运沙子的能力，并借以改变风沙流结构，促使气流上层沙量增加，而下层处于未饱和状态；同时控制沙源补给，使气流含沙量处于未饱和状态，以达到有利于风沙流的吹蚀或非堆积搬运。

另外，加速风力堤还可改变沙丘整体运动为分散的风沙流运动。这是由于沙丘爬堤时，风力不断增加，其挟沙能力随之加大，风沙流处于不饱和状态和较强的风蚀能力，促使落下的流沙直接转化为风沙流带走，同时沙丘的堆沙也不断减少，沙丘就向盾状、饼状沙堆发展，变成沙片或沙斑，直至最后整体消亡。这一过程在风沙地貌上称为沙丘的逆向发展过程，也就是风沙物理研究中所说的变沙丘整体运动为分散的风沙流运动的过程。

（2）通过改变下垫面性质，使其具有较光滑坚实的表面，以增强过境沙粒的冲击反弹力，加大空中跃移距离，促使气流上层搬运沙量的增加，而不使沙子过多地集中于气流的底层，因而不易产生沙子的堆积。

（3）在路旁地带开挖凹状弧形浅槽，创造产生有利于气流上升力的条件，使可能沉降的过境沙粒借助升力反作用重新纳入运动的气流中；更重要的是浅槽适合风沙流以最小的阻力通过的要求，即令其在整个浅槽内进行均匀的、附体运动（平滑环流），而不发生分离与涡旋减速沉积，均有利于风沙流的非堆积搬运。

4. 导沙

导沙的理论依据是运用风沙运动方向性的规律，采取人为措施，改变风沙流运动的方向，如一字排导沙、羽毛排导沙等。采用一字排导沙、羽毛排导沙，是迫使风沙流沿单排指引的方向前进，尤其羽毛排导沙对众多气流因约束于狭窄的通道之中而加速，结果形成一强风道，风速较进入风道前提高20%～30%，从而更有利于按设计导走流沙，保护排后地段或物体不遭受沙埋或风沙流侵袭。

综上所述，固、阻、输、导工程各有其优点和不足，各有其适用的条件和范围。因此，必须根据当地自然条件和风沙危害特点，因地制宜，因害设防，采用其中一项或几项措施组合。但最好的办法是建立一个完整的防护体系，使固、阻、输、导工程以及生物的和非生物治沙措施有机结合起来，取长补短，相得益彰，以发挥最大效能。

二、技术措施

防沙治沙工作在我国有近50多年的辉煌历史。从20世纪50年代沙漠考察开始到目前的沙漠化研究，通过野外考察，结合定位观测和室内分析，对沙漠化面积、分布以及成因等问题基本解决；开展的适用技术研究也取得了一大批享誉世界的成果，并形成了一套行之有效的防治技术和模式，居世界领先水平，不仅为中国，也为世界防治荒漠化作出了贡献。其中，沙障、飞机播种、封沙育林育草、造林固沙等多项技术，属于我国人民的首创。从总体方面讲，沙漠治理技术类型主要有生物固沙技术、工程固沙技术以及生物和工程相结合的固沙技术等。在实际工作中，通常采用的是生物和工程相结合的固沙技术。

1. 工程固沙

工程固沙，也称机械治沙，或物理治沙，包括机械沙障固沙、化学固沙、风力固沙、水力拉沙等，就是根据风沙流的结构特征，通过设置沙障拦截近地表输沙量，控制风蚀沙埋，减少风沙危害。所以，沙障属于工程治沙技术措施。工程固沙是特指采取沙障措施固定流动沙地的一种固沙技术方法，主要包括各种类型的沙障，即采用各种材料在流动沙地表面设置的各种规格的障蔽物。其作用是通过控制风沙流方向、速度、结构、改变蚀积状态，防止风沙危害，保护目的植物成活和生长，达到防风阻沙、改变风的作用力及地貌状况等目的。因此，沙障既是固沙的主要措施，也是植物固沙的前提和必要条件。

2. 生物治沙

所谓生物治沙，或者称植物治沙，是指用种树种草的方法治理流动沙地，具体包括人工固沙造林、飞播固沙造林、封沙育林育草、生物活沙障固沙造林等。生物治沙是人们同风沙斗争中形成的共识并总结出的有效措施。其根本问题是如何使植物在流动沙地上成活和保存，并利用这些植物改造流沙环境的功能。所以植物治沙技术措施在防沙治沙中具有决定性作用。因此，中国总结提炼的以生物措施和工程措施相结合，治理与改造利用相结合，防护林、经济林、薪炭林、用材林与四旁植树相结合，乔灌草相结合、飞封造相结合的行之有效的治沙技术体系，在沙区得到广泛推广和应用。因此，生物治沙应遵循如下原则。

(1) 人工建设与天然恢复相结合，以天然恢复为主的原则。

(2) 保护开发利用相结合，以保护为主的原则。恢复与建设植被，要进行保护、开发和利用，首先应该是保护，没有“保护”这个基础，开发和利用就不能长久，不可能实现可持续发展。在植被受到严重破坏的西北地区，尤其是要突出保护的意义和作用。

(3) 沙漠治理过程中要坚持区域水分平衡原则。

(4) 沙漠治理过程中要坚持“固”“阻”“输”“导”等相结合的原则。

(5) 充分利用种质资源、以乡土种为主的原则。植被恢复和建设，应尽可能增加物种的多样性，以增强生态系统的稳定性。乡土树种对于当地气候和土壤条件有高度适应性，容易形成稳定的群落。

(6) 合理利用水资源，建设以免灌植被为主的原则。合理利用水资源，是生态环境建设的关键。在干旱半干旱地区的植被建设，大多数地区只是在造林初期为保证成活率进行必要的灌溉，造林成活后尽可能不进行灌水。

(7) 乔、灌、草相结合，以灌草为主的原则。在干旱半干旱地区的植被建设，无论是从群落的适应性考虑，还是从防护效益考虑，都应加大灌木和草本植物的比例。越是恶劣的条件，越应加大灌木和草本植物的比例。

(8) 多种繁殖方法并重，以种子繁育和天然“克隆”为主的原则。种子繁殖的个体比营养繁殖的个体寿命长，因而具有相对比较高的稳定性，尤其是应该选择具有种子天然更新能力的树种。

3. 群众创造固沙造林法

1949 年中华人民共和国成立后，政务院提出，在风、沙、水、旱灾害严重的地区，应选择重点有计划造林。为此，20 世纪 50—60 年代，内蒙古科技人员深入沙区对群众治沙造林现状进行调查，先后总结出很多实用的群众固沙造林技术方法。

“撵沙腾地”造林法。人工促进沙丘迎风坡风蚀，进而扩大丘间地造林面积，并在风蚀区下方造林，形成林内积沙促进树木生长。

“又固又放”造林法。在流动沙丘密集高大地区，先固定部分流动沙丘，同时也保留部分沙丘的流动性。并在拟固定的流动沙丘上用固沙阻沙措施使沙丘加高变大，在另一部分流动沙丘上用输沙措施使沙丘前移，逐步扩大丘间地面积，进行开发利用。

“沙湾”造林法。通过丘间地人工造林促进风力拉削沙丘，导沙入林，并在退出来的退沙区域逐年追击造林，将流动沙丘逐渐消灭在林内。

“逐步推进”造林法。在流动沙丘迎风坡脚，不设置沙障，而是直接进行造林。具体方法有条带状密植灌木造林；宽行密植和平铺沙障相结合造林；固身削顶、截腰分段、逐渐推进、分期造林等。

第二节　沙地治理典型技术

一、直播生物沙障治理流动沙地技术

沙障是防沙治沙工程建设中最常用有效的技术措施，尤其在流动沙地治理和植被恢复中具有重要的作用。如何大幅度地降低沙障固沙成本，并快速建立植被，发挥目的树种的生态作用是生产中急需解决的问题。

所谓生物沙障直播技术就是依据不同植物品种生长特性和生命周期的差异，将一年生沙障植物种和目的树种按照比例配合后，发挥一年生沙障植物种生长快、当年形成密集型生物沙障的能力，保护目的树种生长，并防止目的树种幼苗生长初期遭受沙割、沙埋、日灼和冬春季风蚀等危害。翌年死亡的一年生沙障植物种仍然能够发挥沙障作用，并逐渐分解增加肥力，同时目的树种迅速生长，并自然形成网格状生物沙障，翌年后自然取代一年生沙障植物种，持久发挥目的树种沙障的固沙作用，从而实现植物固沙当年见效，快速固定流动沙地的效果，达到生物沙障2年成型，3年稳定的目标。达到固沙技术成本显著降低、成效好、见效快、一次成功的目的。

本项技术的关键是筛选适宜的1年生沙障保护植物种及其和目的树种的混播比例、沙障网格设计和确定雨季适宜的播种时间。

1. 技术环节

主要技术环节包括材料选择和混合比例、网格设计、播种时间、专用播种机具和林地围栏保护等。

材料选择和混合比例：目的树种——杨柴，伴生植物种——燕麦。按1∶10的比例进行混合，每亩播种量为11kg。

网格设计：根据流动沙地起伏、平缓等状况，直播生物沙障网格设计为1m×1m、1m×1. 5m、1. 5m×1. 5m、1m×2m和2m×2m等。

直播时间：采用自己研制的单人拉式直播机具，于雨季（6月）进行直播生物沙障。实现开沟整地、播种、覆土一次完成，沟深在2~4cm。

2. 直播生物沙障生长动态

根据我们2007年调查，直播生物沙障当年每延长米平均有杨柴14. 8株，第二年每延长米平均有杨柴12. 6株，第三年每延长米平均有杨柴10. 0株。说

明随着生物沙障的生长，杨柴单位株数有降低的趋势，但是，由于冠副、分枝和生长高度的增加，生物沙障治理区内植物盖度明显增加。

从表 3-1 中看出，经过两年（2007—2008 年）的定位跟踪调查，直播当年到第二年，治理区内植物盖度有一个明显的增加过程。

表 3-1　生物沙障生长动态调查结果

直播时间	植被平均盖度（%）		杨柴平均高度（cm）		沙障网格中心平均风蚀（cm）	
	2007 年	2008 年	2007 年	2008 年	2007 年	2008 年
2007 年	20.0	40.0	15.0	37.5	15.0	4.0
2006 年	30.0	45.7	30.8	48.0	4.3	0.5
2005 年	50.0	55.0	68.0	78.3	2.0	0.2

如 2007 年样地，当年植物盖度为 20%，2008 年调查时，植物盖度为 40%，增加了一倍，同时，杨柴平均高度也由 15cm 增加到 37.5cm，高生长净增加一倍多，沙障网格中心平均风蚀也由 15cm 下降到 4.0cm。此外，随着杨柴年龄的增加，植物盖度、杨柴平均高度生长量明显减缓，但是，固沙效果明显提高，沙障网格中心平均风蚀深度低于 2.0cm。表明本项技术实施第二年就能够取得明显的固沙效果。

第三年（2009 年）植被覆盖率达 50%以上，生物沙障每延长米平均有杨柴 10.0 株，杨柴平均高度 78.3cm，网格内平均风蚀深度 0.2cm，出现生物结皮，已完全控制流沙活动。

第四年（2010 年）植被覆盖率达 60%～70%，网格内没有风蚀，并形成物理生物结皮。流动沙丘得到固定并全部恢复植被。

3. 直播生物沙障对表层土壤肥力的影响

生物活沙障固定流沙对土壤养分含量的影响是一个缓慢的过程，通常在短期内能够迅速提高土壤速效性养分和有机质的含量，而对土壤全量养分的影响不明显，但是，如果在流沙表面形成了结皮层，特别是生物结皮层，则结皮层的肥力状况明显提高，形成所谓的“结皮肥岛效应”。从表 3-2 中看出，在呼伦贝尔沙地采用直播生物沙障措施后，两年（2006 年直播）就能够形成物理性结皮，三年（2005 年直播）形成藻类生物结皮，六年（2002 年直播）形成苔藓类生物结皮。随着结皮的形成，其养分含量也明显增加。和对照沙地相比，直播生物沙障二年，有机质含量增加 10.9%，全氮、全磷、速效氮、速效磷含量分别增加 100.0%、20%、55.9%和 290.0%；直播生物沙障三年，有机质含量平均增加 65.3%，全氮、全磷、速效氮、速效磷含量分别增加 50.0%、

23.3%、136.8%和256.1%；直播生物沙障6年（2002年直播），有机质含量增加191.7%，全氮、全磷、速效氮、速效磷含量分别增加150.0%、133.3%、93.2%和660.4%。说明在呼伦贝尔沙地采用直播生物沙障措施后，不仅固沙效果明显、快速，而且生物活沙障对流动沙土肥力提高具有显著作用，并且随着沙障生长时间的延长，能够迅速形成不同类型的结皮，形成“结皮肥岛效应”。

表3-2　不同样地表层土壤养分的变化

直播时间	结皮类型	全氮（g/kg）	全磷（g/kg）	速效氮（mg/kg）	速效磷（mg/kg）	有机质（g/kg）	pH值
2002年沙障	苔藓结皮	0.05	0.35	4.25	6.017	15.20	7.50
2005年沙障	藻类结皮	0.03	0.19	4.25	1.520	8.85	7.54
2005年沙障	藻类结皮	0.03	0.18	6.17	2.984	8.37	7.53
2006年沙障	物理性结皮	0.04	0.18	3.43	2.984	5.78	7.37
流沙对照	无结皮	0.02	0.15	2.20	0.684	5.21	8.04

4. 直播生物沙障对表层土壤颗粒组成的影响

土壤颗粒组成是成土物质特征的具体表现，同时，受到颗粒物质沉积积累和土壤水分淋溶作用等的影响，通常变化比较缓慢，并受到取样地点本底土壤颗粒特征的影响。从表3-3看出，无论是流动沙地表层，还是不同类型的生物结皮层，土壤颗粒组成主要集中在20~200μm，平均含量为72.8%~92.5%，小于20μm的土壤颗粒平均含量为6.9%~36.7%，大于200nm的土壤颗粒平均含量为0.7%~1.4%。

表3-3　不同样地土壤颗粒组成的变化　　单位:%

直播时间	土壤颗粒组成（μm）									
	0.71~1.00	1.00~2.00	2.00~5.00	5.00~10.00	10.00~20.00	20.00~50.00	50.00~100.00	100.00~200.00	200.00~500.00	500.00~1000.00
2001年沙障	0.33	0.93	2.65	1.91	2.42	11.17	53.98	26.61	0	0
2005年沙障	0.33	1.01	3.07	2.44	1.23	1.61	60.99	29.31	0	0
2005年沙障	0.30	1.01	2.8	1.84	0.98	2.83	61.48	28.76	0	0
2006年沙障	1.08	3.52	5.28	10.11	13.75	25.35	26.78	13.71	1.42	0
流沙对照	2.15	6.42	5.66	5.69	16.79	19.20	29.27	14.10	0.72	0

随着沙障生长时间的延长，并形成不同类型的结皮，20~200μm颗粒组成含量逐渐增加，而小于20μm的土壤颗粒则低于流沙对照。和对照沙地相

比，直播生物沙障二年，20~200μm 颗粒组成含量增加 5.2%，小于 20μm 的土壤颗粒降低 8.1%；直播生物沙障三年，20~200μm 颗粒组成含量增加 47.8%，小于 20μm 的土壤颗粒降低 79.6%；直播生物沙障 5 年，20~200μm 颗粒组成含量增加 46.7%，小于 20μm 的土壤颗粒降低 77.5%。说明呼伦贝尔沙地采用直播生物沙障措施后，细颗粒成分的变化比较复杂，受到影响的因素较多。

二、植物再生沙障治理流动沙地技术

流动沙丘是沙地植被退化的极点，其特点是植被覆盖度极低，风蚀、沙埋严重、土壤极度贫瘠且基质极不稳定，特别是高大沙丘的流动沙地，由于风沙活动剧烈，直接播种和植苗造林易受风蚀和沙埋危害，几乎难以存活。这样的生态系统，植被的自我恢复能力十分微弱，必须针对当地的具体环境特点，以生物措施为主，辅以工程措施，才能固定流沙，并且在短时期内让植被得以恢复以达到预期效果。

1. 沙障材料选择

植物再生沙障材料的选择标准如下。

（1）埋干、根蘖、压条等能够成活。

（2）喜沙埋、沙压、萌芽能力强的灌木，同时也要考虑材料资源、防护年限和利用价值。于当年秋季植物落叶后枝干已经木质化后进行埋设沙障，时间为 10 月中下旬开始埋干。采用材料包括杨柴、沙柳、黄柳等沙生灌木树种。

2. 沙障配置

（1）沙障走向。设置沙障的主要目的是稳定沙面，防止沙地风蚀和风积，控制沙土流动。一般沙障主带与主害风方向垂直，副带与主带垂直。由于当地主害风向为西北风，副主风为西南风，所以，设置沙障主带走向为东北—西南方向，副带因沙地坡面情况垂直于主带或与主带成 135°夹角，为提高成活率防止植物失水过多，沙障在地面上仅留 20~30cm。

（2）沙障埋设方法。埋设植物再生沙障时采取“两埋、两踩、一培土”的措施。即将沙障材料放入挖好的沟内，扩湿沙土填回一半时踏实，然后再填满踩实，最后培 5~10cm 湿沙土。

（3）沙障结构配置。植物沙障结构系指沙障的透风系数，植物再生沙障所采用的紧密结构，其透风系数在 0.2~0.3。由于紧密结构沙障前后均能形成气流涡旋，涡旋与风沙流相互作用，使沙粒沉积在沙障前后形成积沙，这样有利于沙障材料的固定，进一步提高了植物成活率。

3. 植物再生沙障适宜模式

（1）黄柳植物活沙障，采集100cm长，1~2年生小黄柳种条，20cm间距，80cm深埋，部分空隙较大的地方可用种条梢头填充。沙丘高10m以下4m×4m的网格，10m以上迎风坡2m×2m网格，背风坡4m×4m网格。

（2）黄柳、蒙古羊柴植物活沙障，选择80~100cm，长1~2年生小黄柳、蒙古羊柴种条，主带60cm深埋蒙古羊柴，副带80cm深埋小黄柳，种条间距20cm，部分间隙较大的地方用种条梢头填充。沙丘高10m以下4m×4m的网格，10m以上迎风坡2m×2m网格，背风坡4m×4m网格。

（3）蒙古羊柴植物活沙障，选择80cm，长1~2年生蒙古羊柴种条，20cm间距，60cm深埋，部分空隙较大的地方可用种条梢头填充。沙丘高10m以下4m×4m的网格，10m以上迎风坡2m×2m网格。背风坡4m×4m网格。

（4）黄柳填充料活沙障，选择90cm，长1~2年生黄柳种条，50cm间距，80cm深埋。选择秸秆、杂草、梢头等填充料30cm深埋，地上部分不低于10cm。平缓沙地3m×3m网格，10m以上沙丘迎风坡2m×2m网格，背风坡3m×3m网格。

（5）蒙古羊柴填充料活沙障，选择70~75cm，长1~2年生蒙古羊柴种条，50cm间距，60cm深埋。选择秸秆、杂草、梢头等填充料30cm深埋，地上部分不低于10cm。平缓沙地3m×3m网格，10m以上沙丘迎风坡2m×2m网格，背风坡3m×3m网格。

（6）播种草方格内播蒙古羊柴、小叶锦鸡儿，首先在沙地上以人工撒播方式，撒播优质的蒙古羊柴、小叶锦鸡儿种子，而后人工用铁抓开沟方式网格状播种生长速度快、抗旱、抗瘠、耐热的糜子、燕麦等草本植物种子，网格大小为2m×2m，播幅为5~10cm。

4. 植物再生沙障植物生长

经植物沙障治理3年后沙地幼苗株数基本趋于稳定，平均株数波动在3750~4500株/hm^2。沙障植物的高生长以蒙古岩黄芪沙障为最好。其次为黄柳，但黄柳的高生长量呈现逐年矮缩状态。各沙障配置的平均盖度和第3年盖度亦均以蒙古岩黄芪+蒙古岩黄芪、蒙古岩黄芪+黄柳两种类型为最佳，二者盖度达80%以上。

5. 沙障内植被恢复效果

根据张瑞麟等研究，在流沙上设置黄柳活沙障后，一方面，改变了地表粗糙度，减弱了近地层风速，减小了输沙量；另一方面，黄柳的根系非常发达，人工栽植的黄柳根系多向水平方向发展，因此，黄柳活沙障的设置从根本上改变了沙地的流动性，为天然植物种的入侵和下一步植被的恢复与重建创造了一个良好的生存环境。

设置黄柳活沙障6年后，流动沙地固定，障内植被得以恢复，植物种类明显增多。设置黄柳活沙障后，天然植被发展迅速，多年生草本植物和灌木的种类和数量大大增加。据2006年9月的调查结果，各类型沙障内的植被恢复情况如表3-4。

表3-4　各样地内的植被组成

样地	植物种	生活型		
		一二年生草本	多年生草本	灌木
样地Ⅰ	沙米（*Agriophyllum pungens*）	√		
	虫实（*Corispermum mongolicum*）	√		
样地Ⅱ	小叶锦鸡儿（*Caragana microphylla*）			√
	扁蓿豆（*Melilotoides ruthenica*）		√	
	砂珍棘豆（*Oxytropis gracilima*）		√	
	硬阿魏（*Ferula bungeana*）		√	
	砂蓝刺头（*Echinops gmelini*）	√		
	雾冰藜（*Bassia dasyphylla*）	√		
	沙打旺（*Astragalus adsurgens*）		√	
	褐沙蒿（*Artemisia inframongolica*）			√
	冰草（*Agropyron cristatum*）		√	
	地蔷薇（*Chamaerhodos erecta*）	√		
	猪毛菜（*Salsola collina*）	√		
	杨柴（*Hedysalum leave*）			√
	旱麦瓶草（*Silene jenisseensis*）		√	
	虫实（*Corispermum mongolicum*）	√		
	锡盟沙地榆（*Ulmus pumila* var. *sabulosa*）			
	披针叶黄华（*Thermopsis lanceolata*）		√	
	沙鞭（*Psammochloa villosa*）		√	
	虎尾草（*Chloris virgata*）	√		
	藜（*Chenopodium album*）	√		

（续表）

样地	植物种	生活型		
		一二年生草本	多年生草本	灌木
	阿尔泰狗娃花（*Heteropappus altaicus*）	√		
	差巴嘎蒿（*Artemisia halodendron*）			√
	扁蓿豆（*Melilotoides ruthenica*）		√	
	锡盟沙地榆（*Ulmus pumila* var. *sabulosa*）			
	虫实（*Corispermum mongolicum*）	√		
样地Ⅲ	小叶锦鸡儿（*Caragana microphylla*）			√
	褐沙蒿（*Artemisia inframongolica*）			√
	虎尾草（*Chloris virgata*）	√		
	砂珍棘豆（*Oxytropis racemosa*）		√	
	冰草（*Agropyron cristatum*）		√	
	列当（*Orobanche coerulescens*）		√	
	小叶锦鸡儿（*Caragana microphylla*）			√
	扁蓿豆（*Melilotoides ruthenica*）		√	
	砂珍棘豆（*Oxytropis racemosa*）		√	
	蒙古冰草（*Agropyron cristaturm*）		√	
	老芒麦（*Elymus sibiricus*）		√	
	杨柴（*Hedysalum leave*）			√
	砂蓝刺头（*Echinops gmelini*）	√		
	苍耳（*Xanthium sibiricum*）	√		
	地蔷薇（*Chamaerhodos erecta*）		√	
样地Ⅳ	冰草（*Agropyron cristatum*）		√	
	锡盟沙地榆（*Ulmus pumila* var. *sabulosa*）			
	羊草（*Leymus chinensis*）		√	
	褐沙蒿（*Artemisia intramongolica*）			√
	胡枝子（*Lespedeza bicolor*）			√
	硬阿魏（*Ferula bungeana*）		√	
	列当（*Orobanche coerulescens*）		√	
	委陵菜（*Potentilla chinensis*）		√	
	野韭（*Allium ramosum*）		√	
	沙生针茅（*Stipa glareosa*）		√	

(续表)

样地	植物种	生活型		
		一二年生草本	多年生草本	灌木
样地Ⅳ	糙隐子草（*Cleistogenes squarrosa*）		√	
	翠雀（*Delphinium grandiflorum*）		√	
	虎尾草（*Chloris virgata*）	√		
	沙打旺（*Astragalus adsurgens*）		√	
样地Ⅴ	小叶锦鸡儿（*Caragana microphylla*）			√
	褐沙蒿（*Artemisia intramongolica*）			√
	锡盟沙地榆（*Ulmus pumila* var. *sabulosa*）			
	扁蓿豆（*Melilotoides ruthenica*）		√	
	列当（*Orobanche coerulescens*）		√	
	糙隐子草（*Cleistogenes squarrosa*）		√	
	野韭（*Allium ramosum*）		√	
	虎尾草（*Chloris virgata*）	√		

通过对上述五块样地的植被恢复情况作统计，以流沙作为对照，不同黄柳活沙障内的植物种类明显增加。从植被生活型角度来看，流动沙地一二年生植物占有主要地位。设置黄柳活沙障后，天然植被发展迅速，多年生草本植物和灌木的种类和数量大大增加。从科属结构的角度来看，在流沙上设置沙障6年后，科属数量都有明显增加的趋势。样地Ⅰ内只有1科2属，样地Ⅱ内8科19属，样地Ⅲ内6科10属，样地Ⅳ内9科22属，样地Ⅴ内6科8属。另外，随着植物沙障固沙时间延长，菊科、禾本科和豆科优势度的比例明显上升（表3–5）。

表3–5 各样地内植物科属结构

项目	样地Ⅰ	样地Ⅱ	样地Ⅲ	样地Ⅳ	样地Ⅴ
豆科	0	5	2	6	1
禾本科	0	3	2	7	2
菊科	0	2	3	4	1
藜科	2	4	1	0	0
总科数	1	8	6	9	6
总属数	2	19	10	22	8

人工固沙植被的建立，减少或控制了沙面的流动性，改善了生态环境，使沙地植被向种类繁多、结构复杂且稳定、功能齐全的良性方向发展，并促进了沙地植被的演替。

6. 黄柳沙障防风固沙效果

根据张瑞麟等研究，黄柳活沙障防风作用主要是通过枝条阻挡或减缓气流而实现的。一方面，当气流经过疏林或沙障时，在枝条的阻挡作用下，气流穿越枝条时的摩擦和引起枝条摆动而消耗了部分动能，从而风速减弱；另一方面，由于树干及枝条的阻挡，气流形成无数不定的紊流，这些不同方向的紊流之间相互缓冲、抵消，使风力减弱或降低流动速度。

（1）黄柳沙障防风作用。五块样地 2m 和 0.5m 高度风速进行实地测定，对实测风速由低到高进行（随机）抽样分析，结果见表 3-6。

表 3-6　不同类型沙障的瞬时风速及粗糙度

随机抽样值		样地Ⅰ	样地Ⅱ	样地Ⅲ	样地Ⅳ	样地Ⅴ
$V_2=5.67$m/s	$V_{0.5}$（m/s）	4.89	3.56	3.72	2.72	3.28
	降低百分比（%）	13.76	37.21	34.39	52.03	42.15
$V_2=6.28$m/s	$V_{0.5}$（m/s）	5.39	3.64	3.89	2.84	3.32
	降低百分比（%）	14.17	42.04	38.06	54.78	47.13
$V_2=6.89$m/s	$V_{0.5}$（m/s）	6.00	3.96	4.28	3.16	3.94
	降低百分比（%）	12.92	42.53	37.88	54.14	42.82
$V_2=7.61$m/s	$V_{0.5}$（m/s）	6.33	5.33	5.84	4.72	5.28
	降低百分比（%）	16.82	29.96	23.26	37.98	30.62
$V_2=8.11$m/s	$V_{0.5}$（m/s）	6.89	5.56	5.78	5.33	5.5
	降低百分比（%）	15.04	31.44	28.73	34.28	32.18
$V_2/V_{0.5}$平均值		1.17	1.59	1.49	1.92	1.66
Z_0（cm）		0.015	4.748	2.969	11.117	6.061
平均降低百分比（%）		14.54	36.64	32.46	46.64	38.98

从表 3-6 中可以看出，2m 高度风速一定时，不同测点 0.5m 高度风速相对于 2m 高度风速的降低幅度不同，样地Ⅰ平均降低 14.54%，而样地Ⅱ平均降低 36.64%，样地Ⅲ平均降低 32.46%，样地Ⅳ平均降低 46.64%，样地Ⅴ平均降低 38.98%。从以上数据比较分析中得知，在流沙上设置沙障可以明显降低风速，减弱风的作用力，而且同规格的黄柳网格沙障降低风速的能力较带状沙障强（图 3-1）。

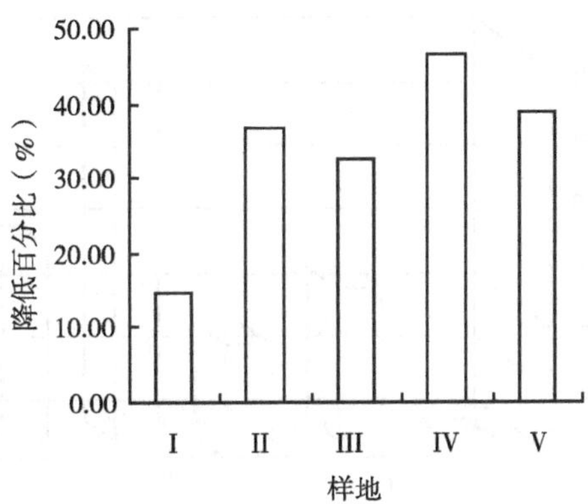

图 3-1　各样地风速平均降低百分比

（2）黄柳沙障对地表粗糙度的改变。粗糙度用来描述不同下垫面对近地面层气流的不同阻碍作用，不仅是衡量地表性质的尺度，更是衡量治沙防护效益的最重要指标之一。它用来表示地表上平均风速减小到零的某一高度，大小取决于地形的起伏、植被及其组成、作物播种方向等性质。目前人们采取的许多防沙固沙措施，就是要改变地表性质、增加下垫面粗糙度，从而能有效地控制风沙流，变害为利，达到防风治沙的目的。

下垫面的差异使粗糙度不同，从而对气流的阻力也不同。根据 2m 和 0.5m 高度风速的实测数据，按下面的公式计算地面粗糙度 Z_0：

$$Z_0 = e^{(V_2\ln Z_1 - V_1\ln Z_2)/(V_2 - V_1)}$$

式中，Z_1、Z_2为观测高度（cm）；V_1、V_2为 Z_1、Z_2高度处的风速（m/s）。Z_0的大小表明了该地区风沙流紊流的运动情况，Z_0越大，表明地面对风速的阻力越大，相对应削弱风速的能力就越大。

由抽样值计算可得，样地Ⅰ的地表粗糙度为 0.015cm，样地Ⅱ为 4.748cm，是样地Ⅰ的 316.53 倍；样地Ⅲ为 2.969cm，是样地Ⅰ的 197.93 倍；样地Ⅳ为 11.117cm，是样地Ⅰ的 741.13 倍；样地Ⅴ为 6.061cm，是样地Ⅰ的 404.07 倍。可见 4m×4m 三年生黄柳网格沙障增大下垫面粗糙度的作用最大，而且对风的削弱能力也最强（图 3-2）。

（3）黄柳活沙障对输沙量影响。沙粒无论以何种方式运动，都是以风为动力的。因此，沙障的阻沙作用决定于它的防风性能，不同的防风固沙措施表现在它对近地层风速的减弱以及输沙量的减少。输沙量是指风沙流在单位时间内通过单位宽度的断面所搬运的沙量。阶梯式积沙仪的埋设位置与各风速测点位置相同，且积沙仪的进沙口垂直于主风向。观测结束后，将积沙仪的积沙分层称重，各样地的积沙观测结果（3 个重复，每个重复测定时间为 5min）见

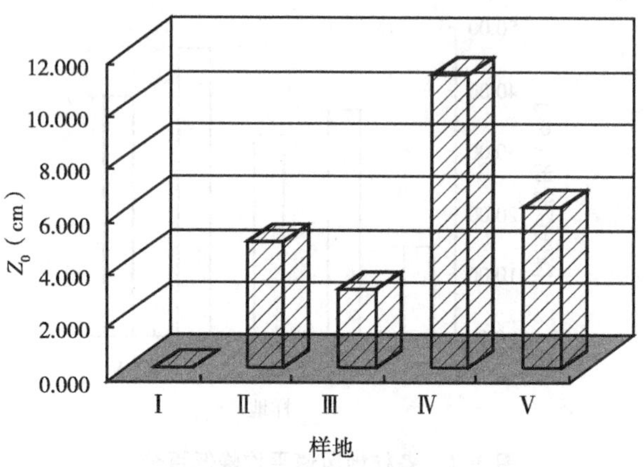

图 3-2　各样地粗糙度的比较

表 3-7。

表 3-7　各样地积沙的野外观测情况表

单位：g

样地	不同积沙仪高度的积沙（cm）										总积沙量
	0~1	1~2	2~3	3~4	4~5	5~6	6~7	7~8	8~9	9~10	
Ⅰ	4.98	4.75	4.59	3.54	3.05	2.98	2.57	2.25	1.97	1.44	32.12
Ⅱ	0	0	0	0	0	0	0	0	0	0	0
Ⅲ	0.49	0.38	0.34	0.32	0.25	0	0	0	0	0	1.78
Ⅳ	0	0	0	0	0	0	0	0	0	0	0
Ⅴ	0	0	0	0	0	0	0	0	0	0	0

从野外观测结果得知，输沙量随高度增大而减小，此规律符合已有理论研究结论。沙障发挥了很大的作用，当旷野平均风速为 7.86m/s 时，样地Ⅰ5min 的积沙量为 32.12g，样地Ⅲ 5min 的积沙量为 1.78g，仅为样地Ⅰ的 5.54%，而样地Ⅱ、样地Ⅳ和样地Ⅴ都不起沙。这说明只要在流沙上科学设置沙障，风沙流在运动过程中通过活沙障后，风速被削弱后，搬运能力下降，能显著地降低输沙量，沙障的固沙效益便会发挥得更明显。一方面，由于这几类沙障明显提高了地表粗糙度，从而降低了起沙风速，减弱了风的挟沙能力；另一方面，由于黄柳沙障成活后，由于林带枝条的摩阻、枝叶的摆动撞击，在一定程度上起到了就地阻沙、稳固地表的作用。

三、高大流动沙丘机械-植物复合沙障固沙技术

流动沙地特别是高大沙丘的流动沙地，由于风沙活动剧烈，直接播种和

植苗造林易受风蚀和沙埋危害，几乎难以存活。同时，由于沙地环境、沙丘高度、沙障原材料供应状况不同，采用的沙障模式也不同。盲目治理不仅影响沙障的防护效果，而且还会造成费工、费料、费时等现象。沙障材料、沙障高度、形状、大小等沙障设计参数都会直接影响到沙障的防护效果。如沙障高度过低，沙障易被沙埋，起不到很好的防护作用；沙障高度过高，易在障前形成掏蚀而被风吹倒；沙障规格越大，成本也越低，但防护效果也在逐渐减小；同时，劳力条件及沙障材料的供应状况也一定程度上限制了沙障类型的选择。

因此，针对上述问题，结合林业生态建设工程，根据生物和机械沙障在固沙功能互补性，通过对比不同沙障类型与配置模式的固沙效果，优选出适宜高大密集流动沙丘治理的沙障类型与模式，为流动沙地的治理提供科学合理的途径。

1. 研究内容

以沙障配置为重点，对比不同沙障类型与配置模式的固沙效果与实施成本，优选出适宜高大密集流动沙丘治理的低成本，高效果的沙障类型与模式，实现高大密集流动沙丘治理技术的工程化。主要研究内容如下：

（1）生物机械沙障固沙技术模式选择研究。重点进行沙障类型选择、沙丘沙障空间配置、沙障规格等对比研究。

（2）生物机械沙障固沙技术模式成效评价研究。重点进行工程建设成本及效果测定等研究。

2. 试验地概况

研究区位于赤峰市敖汉旗境内的科尔沁沙地东南缘。该区属中温带大陆性季风气候，年降水量一般在 310~460mm，年蒸发量2350~3449mm，年平均气温一般在 5~7℃，年降水量 300mm 左右；为典型流动沙地，沙丘高大密集；植被盖度在 15%以下，常见植物有沙米、黄柳、差巴嘎蒿、狗尾草、尖头叶藜等。

本项研究针对敖汉旗北部的高大密集型沙丘区域，沙丘高度>10m，沙丘密度>0. 8。也就是说，沙丘之间的丘间低地很窄，大部分沙丘之间基部相连或者叠加互相覆盖。这种沙丘沙物质丰富，风沙危害严重，而且沙丘高大，其中上部风大且土壤水分匮乏，这些特征给沙丘的治理带来了困难。

3. 技术路线

针对高大密集型沙丘的自然特点，结合已有的治沙技术与成果及风沙运动理论，高大密集型沙丘的治理要采取沙丘迎风坡中部控制、顶部削平、逐步治理、恢复植被的治理思路。中部控制就是在高大沙丘迎风坡中部设置沙障并恢复植被控制风沙流动减少风蚀。顶部削平就是在中部控制减少风沙流动向顶部输送沙物质的前提下，顶部在风力作用下经风蚀将沙丘顶部的沙物质搬运到风向下方，即背风坡或丘间地，由于密集型沙丘丘间地很窄，其顶部被搬运的沙物质将会覆盖在下风向沙丘迎风坡上，特别是在迎风坡的中下部，这也就是为什么进行中部控制而非传统在沙丘迎风坡中下部设置沙障的原因。逐步治理就是先通过中部控制，在中部设置沙障并恢复植被，将沙丘削平矮化，丘间低地被覆沙掩盖稳定，整个密集型沙丘区变得低矮平缓后再进行下一步的治理。恢复植被就是在密集型沙丘区变得低矮平缓和沙丘形态稳定后，采取传统的生物治沙措施恢复起植被，达到有效治理的目的。

4. 研究材料与研究方法

(1) 研究材料。沙障材料：黄柳、杨柴、纤维袋、差巴嘎蒿、杨树枝条等。

(2) 实验设计。根据沙丘特点设计了6种模式，即模式1：扦插黄柳生物沙障。模式2：机械-生物（扦插黄柳）复合沙障。模式3：柳条或玉米秸秆平铺式沙障。模式4：枝杈（差巴嘎蒿、杨柴、柳条）矮立式（地上高度30cm）沙障。模式5：植生袋复合沙障，纤维袋内部装80%的流动沙土，扎口，平放在流沙表面形成沙障，雨季撒播杨柴或柠条或差巴嘎蒿或混播。模式6：流动沙丘迎风侧坡脚（弱风蚀区）造林。

沙障配置：沿等高线带状配置。

沙障规格设计：根据前人研究结果（孙荣华和刘玉山，2006），在科尔沁沙地沙障规格以4m的网格状沙障为宜，为此我们选择了4m带状和网格状（4m×4m）两种规格进行对比研究。

沙丘空间配置部位：于沙丘迎风坡中部（沙丘顶部以下1/4和沙丘底部以上1/4部位不设置沙障）设置沙障，于顺序排列的3个沙丘上设置3个重复。带状沙障沿沙丘等高线按设计的规格配置；网格沙障沿等高线和垂直于等高线并按设计的规格配置。

沙障内造林：2009年4月沙障设置后，于沙障的下风向，沿等高线种植杨柴一年生苗，株距1m，构成株行距为1m×4m的种植模式。

(3) 各类型沙障材料选择及施工程序。

①机械-生物复合沙障。沙障生物材料选择100cm长、2年生的黄柳种条，要求芽苞饱满、木质化程度高。采条时要使用锋利刀具，做到截口整齐、无破损劈裂。种条要随用随采，并及时用湿沙假植，种条采割后存放时间不得超过24h；具体要求同扦插黄柳生物沙障；沙障机械材料主要为黄柳枯枝、秸秆、树木枯枝、野生杂草等，要求长度大于50cm。

首先在需要建植沙障的沙丘上沿等高线放线，网格状沙障还需垂直等高线放线，再将沿线干沙清除，挖 30cm 深的沟，沟内每隔 50cm 挖一个 50cm 深的栽植坑，将黄柳条贴壁放置，每坑 3 株，再将湿沙回填踏实，沟内其他位置用黄柳枯枝、秸秆等材料填充，使沙障形成紧密结构，并用沙土填埋踩实。

②柳条机械沙障。沙障材料为黄柳枯枝、扦插采条后的废弃黄柳枝条、秸秆、树木枯枝等，要求长度约 50cm。

先在需要建植沙障的沙丘上沿等高线放线，网格状沙障还需垂直等高线放线，沿线挖 30cm 深的沟，沟内将黄柳枯枝等材料贴壁紧密排列，并用沙土填埋踩实。

③杨树枯枝平铺沙障。沙障材料为修枝打杈后废弃的杨树枯枝。

先在需要建植沙障的沙丘上沿等高线放线，网格状沙障还需垂直等高线放线。沿线将杨树枯枝顺向平铺，宽度 1m、高度 30~40cm，形成疏透式沙障。

④植生袋复合平铺沙障。选用长 80cm、宽 40cm 的塑料编织袋作为沙障的外包装材料，就地取材选择流动沙土作为沙障的内填充材料。

首先在需要建植沙障的沙丘上沿等高线放线，网格状沙障还需垂直等高线放线。编织袋内装 80%的流动沙土（高度约 10cm）并封口，形成沙障的一个基本单元。然后沿线将装好的沙袋依次排列、顺向平铺，形成平铺式沙障。

（4）成效调查。

①植被恢复效果调查。2009—2012 年，每年 8 月或 9 月，采用植被生态学的常规样方调查方法调查高大流动沙丘治理后的植物种类、植被高度、盖度及生物量等。并按照下述方法计算多样性指数。

物种丰富度指数：$D=S/N$

式中，S 为物种个数；N 为所有物种个体数之总和。

Shannon-Wiener 指数：$H=-\sum p i \lg(pi)$

式中，$pi=ni/N$，表明第 i 个种的相对多度。

Simpson 指数：$D=1-\sum pi\times pi$，$pi=ni/N$

式中，pi 与 Shannon-Wiener 指数中的 pi 相同。

②草本植物重要值计算。

重要值=（相对高度+相对密度+相对频度）/3

其中：相对高度指样方内某植物种总高度和全部植物种总高度的比值；相对密度指样方内某植物种的数量和全部植物种总数量的比值；相对频度指样方内某植物种出现的次数和全部植物种出现总次数的比值。

③固沙与风蚀调查。风蚀调查：采用标桩法调查沙障中央的风蚀深度，采用盒尺调查沙障两侧的积沙宽度，即每次调查时用盒尺测定沙障两侧的积沙宽度。

④流动沙丘表面硬度测定。采用 TYD-1 型土壤硬度计，沿着与沙障（等

高线走线）的垂直方向（主风方向），在沙障两侧不同距离处测定沙表面的硬度，每个测定点测 3 个重复，其平均值作为该测点的硬度值（kg/cm^2）。

5. 结果与分析

（1）治理效果。

①沙障内造林树种生长变化（表 3-8）。

表 3-8　各类型沙障目的树种生长变化

沙障类型	配置形式	测量时间（年）	黄柳			杨柴		
			成活率（%）	高度（cm）	冠幅（m^2）	成活率（%）	高度（cm）	冠幅（m^2）
机械-生物复合沙障	4m带状	2009	55.9			57.3	17.9	
		2010		91.8			30.2	
		2011		117.3	1.90		68.5	1.40
		2012		120.7	2.97		103.0	1.97
	4m×4m网格	2009	53.2			69.1	18.7	
		2010		93.2			39.1	
		2011		118.6	1.49		74.3	1.30
		2012		143.3	0.60		95.3	3.07
柳条机械沙障	4m带状	2009				90.0	21.8	
		2010					45.9	
		2011					41.2	0.58
		2012					47.0	1.02
	4m×4m网格	2009				92.5	26.3	
		2010					57.1	
		2011					46.7	0.80
		2012					88.1	1.68
杨树枯枝平铺沙障	4m带状	2009				91.0	23.8	
		2010					35.6	
		2011					56.7	0.73
		2012					93.7	1.5
	4m×4m网格	2009				88.0	19.5	
		2010					45.5	
		2011					86.6	1.77
		2012					101.0	1.80

（续表）

沙障类型	配置形式	测量时间（年）	黄柳			杨柴		
			成活率（%）	高度（cm）	冠幅（m^2）	成活率（%）	高度（cm）	冠幅（m^2）
植生袋复合平铺沙障	4m带状	2009				81.7	18.0	
		2010					35.5	
		2011					47.0	0.55
		2012					38.0	0.38
	4m×4m网格	2009				85.8	14.1	
		2010					31.9	
		2011					26.3	0.78
		2012					48.3	0.95

从表3-8可以看出，在沙障保护下，生物复合沙障中埋设的黄柳当年成活率在53.2%~55.9%，沙障内栽植杨柴成活率在57.3%~69.1%，其他类型沙障内栽植杨柴成活率均在80%以上，而且4m带状和4m×4m网格配置沙障内栽植杨柴成活率没有明显变化规律，但4m×4m网格配置沙障内栽植杨柴成活率略高一些。

从黄柳、杨柴生长看，随着时间增加，高生长、冠副变化总体呈现增加趋势。生物复合沙障中黄柳平均高生长从2010年的92.5cm增加到2012年的132cm，杨柴平均高生长从2009年的18.3cm增加到2012年的99.15cm。其他类型沙障内栽植杨柴平均高生长从2009年的20.6cm增加到2012年的62.5cm。其中，机械-生物复合沙障和杨树枯枝平铺沙障内杨柴生长最好，2012年的平均高度均达到95cm以上。而植生袋复合平铺沙障由于后期风化严重，致使沙障内植被遭受风蚀危害生长不良甚至死亡，杨柴的平均高度由2011年的45.3cm下降到2012年的32.2cm。

②沙障内草本植被恢复效果（表3-9）。从各沙障内草本植物种类组成变化看，各沙障内出现的草本植物种类共12种，但是，不同沙障内出现的草本植物种类不同。其中，4m带状或4m×4m网格机械-生物复合沙障内草本植物种类5~6种，出现频率最高的植物种类是沙米、虫实、狗尾草和褐沙蒿等，尤其是虫实的密度年际间增加明显。

表 3-9　各沙障内草本植物种类特征变化

沙障类型	配置形式	测量时间（年）	草本盖度（%）	草本植物种类												
				指标	沙米	虫实	褐沙蒿	狗尾草	差巴嘎蒿	糙隐子草	油蒿	砂珍棘豆	芦苇	杨柴	雾冰藜	细叶苦荬菜
机械-生物复合沙障	4m 带状	2009	5	高度（cm）	16.9	9.4	14.5	3.3	36.3			13				
				株数（株）	314	325	8	14	21			1				
		2011	16	高度（cm）	15.45	8.9			42.7			10		32		
				株数（株）	288	2767			12			2		2		
	4m×4m 网格	2009	5	高度（cm）	16.4	6.5	30	6.7	21.25							
				株数（株）	456	2387	11	20	13							
		2011	17	高度（cm）	10.1	8.5		6.4	22					22		
				株数（株）	79	1918		127	2					1		
柳条机械沙障	4m 带状	2009	5	高度（cm）	21.8	10	11.7	5.8								
				株数（株）	22	66	10	21								
		2011	10	高度（cm）	25.7	9.3		10.5					7	25		
				株数（株）	105	90		16					1	1		
	4m×4m 网格	2009	5	高度（cm）	27	15.5	25.7	17.2							9	
				株数（株）	222	24	5	42							2	
		2011	14	高度（cm）	14.6	10.8	90	7	61.6			12		18		
				株数（株）	93	1036	1	480	6			3		1		

（续表）

沙障类型	配置形式	测量时间（年）	草本盖度（%）	草本植物种类												
				指标	沙米	虫实	褐沙蒿	狗尾草	差巴嘎蒿	糙隐子草	油蒿	砂珍棘豆	芦苇	杨柴	雾冰藜	细叶苦荬菜
杨树枯枝平铺沙障	4m 带状	2009	5	高度（cm）	22.4	9.8	23.5	6					45		12	
				株数（株）	21	111	3	26					18		2	
		2011	13	高度（cm）	14	11.5		9.6				8		27.5		
				株数（株）	19	222		82				5		2		
	4m×4m 网格	2009	5	高度（cm）	23.25	10.2	28.5	8					17		14	
				株数（株）	196	144	3	23					1		1	
		2011	13	高度（cm）	12.5	7.7		8.1	45	23		6	26	23	10	
				株数（株）	5	395		317	3	23		3	4	1	1	
编织袋平铺沙障	4m 带状	2009	5	高度（cm）	31.5	14	22	5.5								
				株数（株）	216	7	14	4								
		2011	13	高度（cm）	13.5	12.2		19	47							
				株数（株）	137	205		560	8							
	4m×4m 网格	2009	5	高度（cm）	37.2	8	9.8	7.6								
				株数（株）	355	15	9	28								
		2011	24	高度（cm）	20.1	11.3		9.6	63							
				株数（株）	230	353		412	6							

从各沙障内草本植物类型重要值变化特征看（表 3-10），沙障铺设当年（2009 年），草本植物主要是以沙米为主，其次是虫实，反映出沙障铺设当年沙丘表面仍然处于流动状态。但是，沙障铺设 3 年（2011 年）后，草本植物种的重要性发生一些有趣的变化，从重要值看，草本植物主要是以狗尾草或虫实为主，并且多年生植物差巴嘎蒿出现的次数在增加，说明沙障铺设 3 年后，沙丘表面流动状态基本得到控制，并且在沙障及其两侧不同位置硬度变化中得到印证。

表 3-10　沙障内草本植物类型重要值动态变化

沙障类型	沙障规格	调查时间（年）	草本植物重要值						
			沙米	狗尾草	虫实	褐沙蒿	砂珍棘豆	差巴嘎蒿	雾冰藜
编织袋平铺沙障	4m 带状	2009	0.6793	0.0499	0.1217	0.1391		—	—
		2011	0.2249	0.3674	0.2795	—	—	0.1279	—
	4×4m 网格	2009	0.6859	0.1192	0.1018	0.0931		—	—
		2011	0.2922	0.3931	0.3145	—	—	—	—
生物机械复合沙障	4m 带状	2009	0.2299	0.0614	0.5917	0.0671	0.0495	—	—
		2011	0.4131	0.0801	0.4623	—	—	0.0443	—
	4m×4m 网格	2009	0.3827	0.1458	0.3325	0.1388	—	—	—
		2011	0.1767	0.1023	0.7209	—	—	—	—
机械沙障	4m 带状	2009	0.4719	0.0472	0.3715	0.0444	—	0.0646	—
		2011	0.4383	0.2105	0.1190	0.0666	—	0.1653	—
	4m×4m 网格	2009	0.4122	0.0856	0.4092	0.0479		0.0449	—
		2011	0.1145	0.3416	0.4315	—	—	0.1121	—
杨树枯枝平铺沙障	4m 带状	2009	0.2635	0.2890	0.3270	0.0751			
		2011	—	0.2099	0.6982	—	—	0.0457	0.0460
	4m×4m 网格	2009	0.5677	0.1178	0.1972	0.0608		0.0281	0.0279
		2011	0.0813	0.5732	0.2819	—	—	0.0553	—

另外，为了深入分析沙障设置后草本植物变化特征，选择典型调查样地，根据 2011 年的调查数据，我们进一步分析了沙障保护下生物多样性指数的变化（表 3-11）。结果表明：生物机械复合沙障 4m 带状铺设生物多样性指数普遍好于 4m×4m 网格铺设方式，而在枝条平铺沙障中 4m×4m 网格铺设方式物种丰富度指数和 Shannon-Wiener 指数好于 4m 带状铺设方式，说明沙障铺设方式或沙障类型（即高立式或矮立式）不同对生物多样性指数的影响不同。但是，

不管怎样，设置沙障后2~3年，流动沙丘天然植被得到了有效恢复，植物种类逐渐增加，沙障对天然植物种的入侵和定居起到了积极的作用。

表3-11 沙障内植物多样性指数的变化（2011年）

沙障类型	配置	物种丰富度指数	Shannon-Wiener 指数	Simpson 指数
生物机械复合沙障	4m 带状	0.1821	0.7988	0.4676
	4m×4m 网格	0.0518	0.4682	0.2406
枝条平铺沙障	4m 带状	0.0880	0.2593	0.4324
	4m×4m 网格	0.1461	0.5733	0.4040

③固沙效果与评价。沙障的主要防护作用就是控制地表风蚀和局部积沙、为植被的恢复和重建提供一个相对稳定的环境。沙障积沙宽度在一定程度上反映了沙障的固定流沙的效果，在一定范围内，沙障积沙宽度越大，说明沙障固定流沙的效果越好；沙障中央风蚀深度反映了沙障内风蚀状况的强弱，随着沙障的设置，在一定时间内风蚀坑深度不断加大，直至达到稳定曲面。不同类型沙障固定流沙的效果是机械-生物复合沙障 > 柳条机械沙障 > 杨树枯枝平铺沙障，风蚀坑深度是柳条机械沙障 > 机械-生物复合沙障 > 杨树枯枝平铺沙障，不同配置形式沙障的积沙宽度和障内风蚀坑深度无明显规律。由于植生袋复合平铺沙障老化较快，在设置第三年即严重破损，失去防护作用（表3-12）。

表3-12 各沙障铺设位置的固沙效果

沙障类型	配置形式	测量时间（年）	植被总盖度（%）	沙障积沙宽度（cm）	沙障间中心风蚀深度（cm）	杨柴高生长量（cm）
机械-生物复合沙障	4m 带状	2009	5	61.2	2.5	17.9
		2010	18	83.1	6.9	30.2
		2011	23	103.1	—	68.5
		2012	35	134.7	—	103.0
	4m×4m 网格	2009	5	72.8	6.2	18.7
		2010	20	80.3	6.8	39.1
		2011	33	100.9	—	74.3
		2012	40	137.7	—	95.3

（续表）

沙障类型	配置形式	测量时间（年）	植被总盖度（%）	沙障积沙宽度（cm）	沙障间中心风蚀深度（cm）	杨柴高生长量（cm）
柳条机械沙障	4m 带状	2009	5	47.2	7.0	21.8
		2010	12	67.9	8.2	45.9
		2011	23	130.6	—	41.2
		2012	25	164.0	—	47.0
	4m×4m 网格	2009	5	41.0	6.2	26.3
		2010	12	70.7	6.8	57.1
		2011	30	77.4	—	46.7
		2012	30	93.0	—	88.1
杨树枯枝平铺沙障	4m 带状	2009	5	43.8	2.5	23.8
		2010	10	77.4	7.4	35.6
		2011	20	91.9	—	56.7
		2012	25	116.7	—	93.7
	4m×4m 网格	2009	5	50.1	2.3	19.5
		2010	15	78.9	5.2	45.5
		2011	33	81.2	—	86.6
		2012	30	130.0	—	101.0
植生袋复合平铺沙障	4m 带状	2009	5	61.8	14.6	18.0
		2010	17	6.2	8.5	35.5
		2011	25	—	—	47.0
		2012	30	—	—	38.0
	4m×4m 网格	2009	5	52.5	11.5	14.1
		2010	20	6.0	1.3	31.9
		2011	35	—	—	26.3
		2012	30	—	—	48.3

从表 3-12 中还可以看出，随着沙障铺设时间延长，沙障铺设位置积沙宽度从 40 多 cm 增加 160 余 cm，说明铺设沙障后有效拦截了流沙的移动性，使流动的沙子就近在沙障两侧堆积，但是，导致沙障间中心位置风蚀控制效果不好，特别是高立式沙障间中心位置风蚀较重，同时，带状配置比网格配置沙障的风蚀作用大一些，而平铺式沙障间中心位置风蚀少。

如果从风蚀和堆积的变化关系来说，沙障间中心位置风蚀的流沙在沙障铺设位置堆积，并没有长距离流动，所以铺设沙障后总体固沙效果在植被恢复方面能够得到进一步印证，并对天然植物种的入侵和定居起到了积极的作用。

另外，因风的不断吹蚀作用，流动沙丘表面常处于流动状态，导致沙丘表面疏松。因此，从某种程度看沙面的硬度变化反映了沙丘表面沙粒的流动程度。从典型黄柳网格沙障水平空间（垂直沙障铺设方向）不同空间位置沙面硬度变化特征看（图 3-3），设置 4m×4m 黄柳机械网格状沙障（2009 年 4 月设置）后，在没有铺设沙障的对照位置处（沙障外 5m 处），沙面硬度值最低，只有 0.27kg/cm²，而到达沙障铺设位置前 1m 或沙障铺设位置则沙面硬度值显著增加并达到 0.84~0.85kg/cm²，其后，随着测定点进入沙障范围内，沙面硬度值呈现出波浪形变化趋势，即在沙障铺设位置中间的部位（沙障后边或沙障前边，即分别距离两边沙障铺设位置 1.5m 处）沙面硬度值较低（0.35~0.39kg/cm²），而在沙障铺设位置沙面硬度值明显增加。同时，从对照位置开始到第 1 排沙障、第 2 排沙障、第 3 排沙障位置的顺序，沙障间沙面的硬度值也有增加的趋势。上述变化关系反映出沙障铺设后起到了明显的固沙作用，并对天然植被的恢复将发挥促进作用。

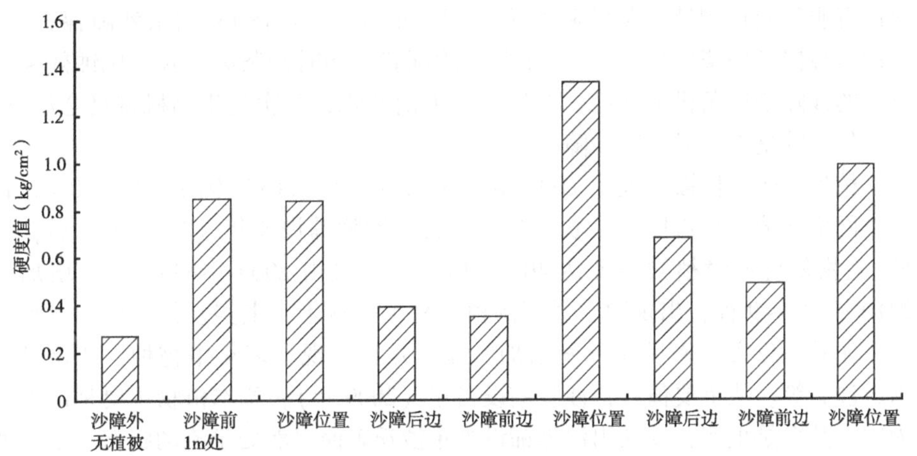

图 3-3　网格沙障不同空间位置沙面硬度变化

同样，从图 3-4 中也可以看出，在平铺带状沙障水平空间（垂直沙障铺设方向）的不同位置、不同植被盖度下，沙面硬度值变化也表现出一定的规律，即随着植被覆盖度的增加，沙面硬度值也增大，反映出流动沙丘植被覆盖度和沙面固定程度的变化关系。

在沙障前 10m 处（对照位置）的裸露沙面硬度值为 0.19kg/cm²，而当植被盖度达到 40%时沙面硬度值显著增加到 1.02~1.25kg/cm²，而在植被盖度

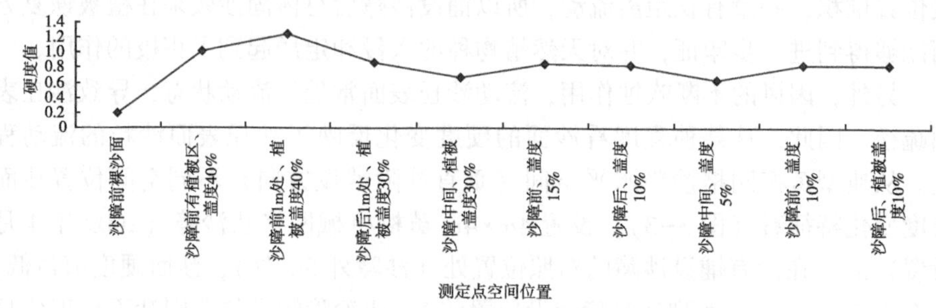

图 3-4　带状沙障不同空间位置沙面硬度变化

30%时沙面硬度值平均为 0.88kg/cm²，植被盖度 10%～15%时沙面硬度值平均为 0.84kg/cm²，植被盖度 5%时沙面硬度值为 0.64kg/cm²。

6. 结论

造林树种生长：生物复合沙障中埋设的黄柳当年成活率在 53.2%～55.9%，沙障内栽植杨柴成活率在 57.3%～69.1%，其他类型沙障内栽植杨柴成活率均在 80%以上，而且 4m 带状和 4m×4m 网格配置沙障内栽植杨柴成活率没有明显变化规律。从沙障类型和配置形式看，4m×4m 网格沙障保护下，固沙造林树种杨柴生长好于 4m 带状沙障配置，同时杨柴高生长、风蚀效果等较好的沙障是柳条机械沙障、杨树枯枝平铺沙障，其次是生物机械复合沙障，相对较差的是编织袋平铺沙障。

植被变化：植被盖度由 2009 年的 5%，增加到 2012 年的 25%～40%。其中，网格沙障植被盖度高带状沙障，并且，沙障铺设 4 年（2012 年）后，机械-生物复合沙障植被盖度达 40%。植物种数量由 2009 年的 4～5 种增加到 2010 年度 7～9 种，出现频率最高的植物种类是沙米、虫实、狗尾草和褐沙蒿等，尤其是虫实的密度年际间增加明显。并且出现了多年生物种，如差巴嘎蒿、沙蒿等。从重要值看，沙障铺设当年（2009 年），草本植物主要是以沙米为主，其次是虫实，反映出沙障铺设当年沙丘表面仍然处于流动状态。沙障铺设 3 年（2011 年）后草本植物主要是以狗尾草或虫实为主，并且多年生植物差巴嘎蒿出现的次数在增加，说明沙障铺设 3 年后，沙丘表面流动状态基本得到控制。但是，沙障类型和沙障规格间没有明显不同。

固沙效果：不同类型沙障固定流沙的效果是机械-生物复合沙障 > 柳条机械沙障 > 杨树枯枝平铺沙障，风蚀坑深度是柳条机械沙障 > 机械-生物复合沙障 > 杨树枯枝平铺沙障，不同配置形式沙障的积沙宽度和障内风蚀坑深度无明显规律。

四、固定沙丘活化风蚀坑植被恢复技术

1. 立地条件

根据风蚀坑形态特征，将风蚀坑划分为风蚀坑边坡及底部、风蚀坑边坡上部地表边缘、风蚀坑积沙区 3 种立地类型。

2. 技术措施

风蚀坑坡面坡度大，属于沙源区，风蚀严重，设置黄柳或 PE 纱网带状沙障并和风蚀坑底部连接，结合人工直播沙蒿、杨柴等建立植被，控制坡面风蚀，减少下风向积沙区危害。

风蚀坑积沙区是风蚀沙埋和流动沙地控制危害最严重的区域，主要是设置网格和带状沙障，在雨季进行樟子松容器苗造林，并结合人工直播沙蒿、杨柴、柠条等，建立植被，控制积沙区流沙前移动，减少风沙危害。

风蚀坑边坡上部地表边缘因表层土壤塌陷或崩塌，直接导致风蚀坑扩大，属于风蚀坑水平扩展沙源区。一是采取削坡处理，把垂直的上层土壤人工削成缓坡，然后设置 PE（聚乙烯）沙障并和风蚀坑坡面 PE 沙障连通；二是在边坡上层地带性土壤和下伏沙土之间设置 PE 沙障进行围边防护，以减少风蚀对地带性土壤层的破坏而导致其坍塌，加速风蚀坑的扩展。

3. 试验设计

（1）风蚀坑边坡沙障。顺着风蚀坑边坡（风蚀坑进入风的方向垂直）铺设带状沙障。沙障材料黄柳、PE 纱网。

黄柳沙障：带宽 1.5m、4m。黄柳枝条长度 40cm，扦插设置，扦插深度 20cm，扦插间距 10cm。

PE 纱网沙障：带宽 3m、4m 和 6m。网片孔隙（目数）20~22 目，丝径每 500g 丝径织 6m^2，生产工艺为平织。网片宽度 60cm，网片颜色为白色。沙障铺设采用下压式。沙障高度地面以上 10~15cm。

施工时，按照配置沙障间距划线，将网片中心平铺在线上，然后用铁锹在平铺网片中心部位下压，下压深度 10~15cm，使平铺网片两端翘起直立，形成高度 10~15cm 的沙障。

实施下压时，一定要一锹挨着一锹，两锹之间不得有空隙，否则，网片容易被风吹起，失去沙障的防护功能。

黄柳+PE 纱网复合沙障，复合沙障带宽 2m。在 4m 黄柳沙障带宽的基础上，在沙障中间设置 1 条 PE 纱网沙障。

（2）风蚀坑积沙区沙障。在风蚀坑积沙区铺设带状或网格状沙障。沙障

材料黄柳、PE 纱网、PLA（聚乳酸纤维）沙袋沙障。沙障设置方向和风蚀坑进入风的方向垂直。

黄柳沙障：网格状沙障，规格 1.5m×1.5m、4m×4m、6m×6m。黄柳枝条长度 40cm，扦插设置，扦插深度 20cm，扦插间距 5～10cm。

PE 纱网沙障：带状沙障，带宽 3m、4m 和 6m，网格状沙障规格 3m×3m、4m×4m、6m×6m。

PLA 沙障：利用生物基可降解聚乳酸（PLA）纤维织造的连续筒状沙袋材料，填满干沙后形成的长圆筒状沙袋沙障直径为 6.5～7.5cm［±（0.5～1.0）cm］。沙障规格为 1m×1m、4m×4m 网格。

施工时，按照配置沙障间距划线，取聚乳酸沙袋材料 10～20m（延长米）套在直径 6.3～7.5cm、长度 75～90cm 的装沙管（两端打磨光滑）的外侧，下部末端处打结；用未打结端的装沙管口盛取干沙层的沙子，双手握紧装沙管抬起盛沙端、使管内的干沙滑落到打结端的聚乳酸沙袋材料（圆筒状外层材料）内，确认滑落的干沙填充紧实后平铺于沙表面即完成一次沙袋沙障的铺设动作，重复上述盛取、填充和平铺动作，至装沙管外侧的聚乳酸沙袋材料全部填充紧实，即可完成一段 10～20m（延长米）的聚乳酸沙袋沙障的铺设。设置沙障时应避免装填湿沙。

黄柳+PE 复合沙障，设置部位为风蚀坑积沙区，黄柳沙障采用 6m×6m 网格可再生沙障，同时在网格中间设置带状 PE 纱网沙障，PE 纱网沙障铺设方向和风蚀坑进入风的方向垂直。

4. 风蚀坑边坡治理成效

（1）植物种类。风蚀坑边坡治理采用 4 种沙障类型，对风蚀坑的 3 个部位进行治理，其中对照为未进行沙障防护的风蚀坑。

通过调查 2017—2020 年 4 年数据，对比不同类型沙障防治后，风蚀坑各部位植物种类恢复情况。随着年度的变化，不同类型沙障的防护效果明显，黄柳沙障、PE 纱网沙障、黄柳+PE 纱网沙障和 PLA 沙障防护下物种数量呈逐年增加趋势，均与对照差异显著。

防护当年（2017 年），黄柳沙障、PE 纱网沙障、黄柳+PE 纱网沙障和 PLA 沙障，植物种类平均分别增加 4 种、5 种、5 种和 2 种，前 3 种沙障恢复效果明显，能够达到快速恢复植物种数的效果。2018 年后多年生植物种数随之增加，对风蚀坑的防护起到更为重要的作用，在 2019 年平均植物种类分别达到 8 种、11 种、4 种和 4 种，2020 年增加缓慢，趋于稳定。

黄柳沙障和 PE 纱网沙障防护下，植物种数逐年增加；黄柳+PE 纱网沙障在防护的第 1 年物种数量增加明显，达到 5 种，随后 2 年物种数量反而降低，这与该沙障防护下，杨柴群落成为优势种，并抑制其他物种生长有关，阻碍了物种的多样性。

风蚀坑不同部位物种变化，均呈现底部>阳坡>阴坡，这与风蚀坑风蚀情况呈正相关（图 3-5）。阳坡受到风蚀情况较阴坡弱，利于植物种子的截留和萌发，同时阳坡坡度较阴坡小，利于种子附着留存，这为以后的萌发提供了基础。阴坡风蚀严重，并出现崩塌现象，虽然崩塌给阴坡带来了风蚀坑周边物种的入侵，由于风蚀较为严重，植物根系均被吹出，导致不能在阴坡附着生长，更加剧了阴坡的风蚀情况。风蚀坑底部水分、温度等较好，给植物萌发提供了条件，在 2020 年，4 种类型沙障防护下，风蚀坑底部植物种类分别为：12 种、16 种、4 种和 7 种。

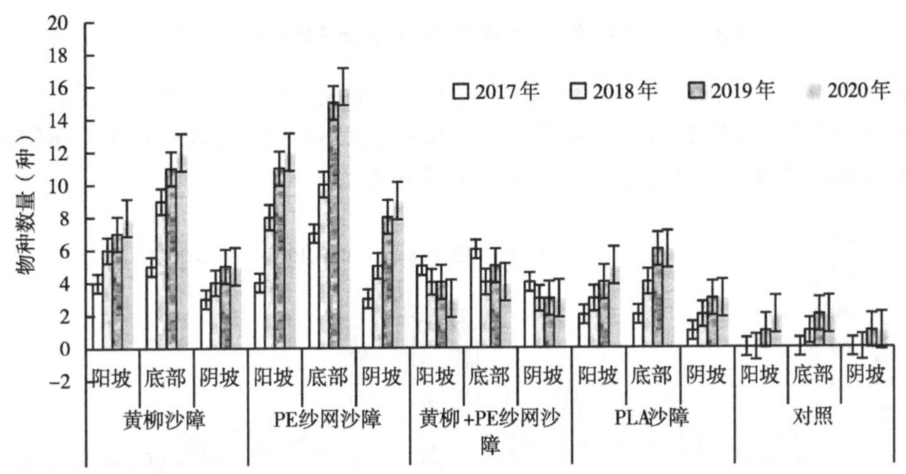

图 3-5 不同沙障类型对风蚀坑各部位物种数量变化的影响

PE 纱网沙障防护下，风蚀坑植物种类第一年恢复较快（第一年黄柳+PE 纱网沙障恢复最快，平均达到 5 种），随后多年生植物种类增加，物种多样性丰富度增加，固定作用增强。

不同规格纱网沙障物种恢复速度，3m 条带和 4m 条带差异不显著，均与 6m 条带差异显著。风蚀坑底部恢复效果最好，阳坡次之，阴坡最差。2020 年 4m 条带底部，植被种类 16 种，虫实、阿尔泰狗娃花、并头黄芩、二色补血草、杨柴、褐沙蒿、花苜蓿、冰草、画眉草、薹草、大车前、小叶锦鸡儿、冷蒿、苦荬菜、花旗杆和榆树幼苗（图 3-6）。

综合考虑成本等因素，风蚀坑边坡治理推荐采用 PE 纱网沙障规格为 4m 条带。

（2）植被盖度。植被盖度指植物群落总体或各个体的地上部分的垂直投

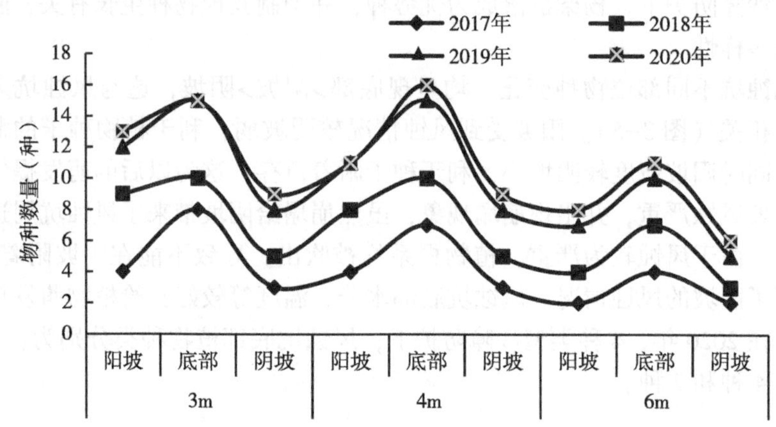

图 3-6　不同规格纱网沙障对风蚀坑各部位物种数量的影响

影面积与样方面积之比的百分数。它反映植被的茂密程度和植物进行光合作用面积的大小。有时盖度也称为优势度。风蚀坑在不同类型沙障防护下，植物种类增加，植被盖度也相应出现了变化（图 3-7）。

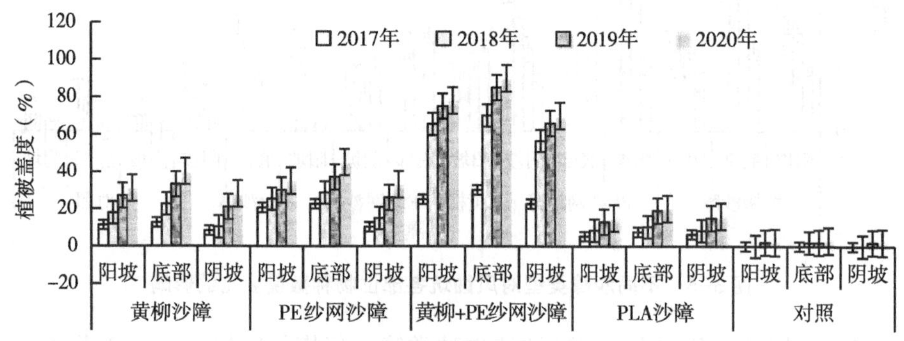

图 3-7　不同类型沙障对风蚀坑各部位植被盖度的影响

随着年度的变化，植被盖度逐年增加，风蚀坑得到控制，黄柳+PE 纱网沙障植被盖度恢复速度最快，与其他沙障类型差异显著，2017 年（沙障铺设当年）平均盖度即达到 25. 86%，2020 年为 79. 33%，基本被杨柴全部占据，影响了其他物种的生长，致使物种数量在 2018—2020 年低于 PE 纱网沙障和黄柳沙障，物种丰富度降低。

其中，风蚀坑底部的植被盖度，在 4 种沙障类型中，均高于阳坡和阴坡，由于风蚀、温度和光照因素影响，阳坡的植被盖度均比阴坡大。

纱网沙障不同规格条件下，风蚀坑各部位植被盖度变化规律均为底部>阳坡>阴坡。3m 条带和 4m 条带差异不显著，均>6m 条带，效果更好。植被盖度变化规律与植物种类变化一致，均与风蚀有显著相关性（图3-8）。

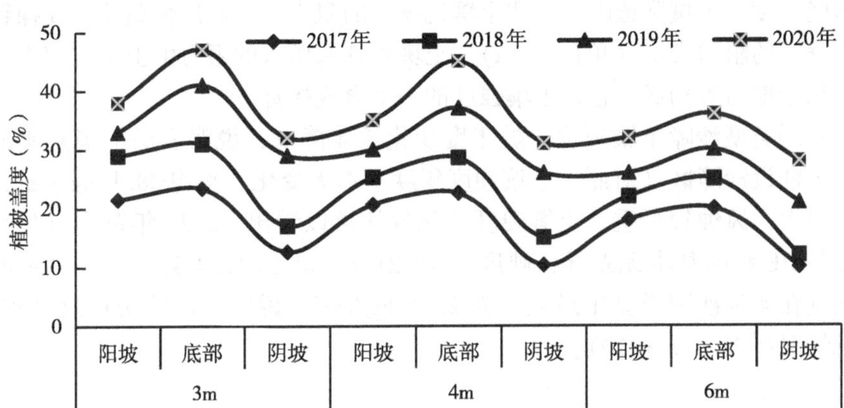

图3-8　不同规格纱网沙障对风蚀坑各部位植被盖度的影响

（3）风蚀程度。风蚀坑内风蚀在4种类型沙障防护下，风蚀得到控制，风蚀效果与对照差异极显著。2017—2020年，对照风蚀坑风蚀深度年平均为6.25cm，2017年4种沙障铺设时，均为风蚀；2018年均表现为沙埋，沙埋程度最大为黄柳+PE纱网沙障，1.4cm；2020年沙埋深度进一步增加，黄柳+PE纱网沙障沙埋为3.03cm，PE纱网沙障沙埋为2.10cm（图3-9）。

风蚀坑边坡治理过程中，阳坡风蚀情况较阴坡弱，沙障防护后，阳坡沙埋明显高于阴坡。对照区风蚀坑边坡崩塌现状严重，边缘扩展明显，年度扩展速度为0.52m/年，沙障防护后，风蚀坑边坡崩塌减弱，边缘扩展变缓，平均扩展速度为0.09m/年。

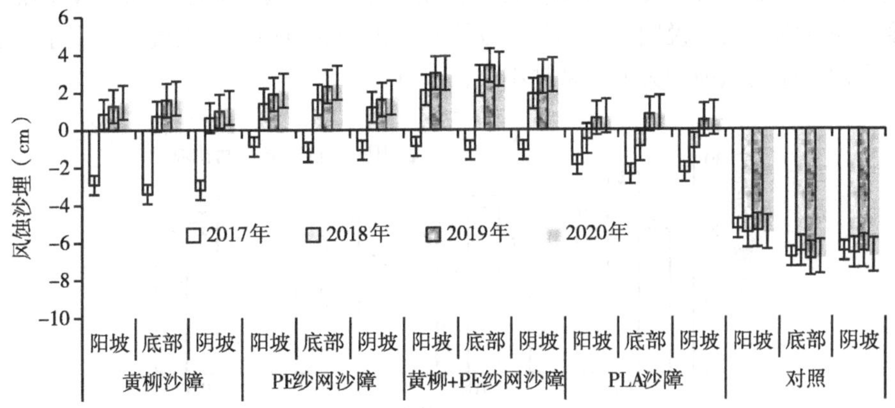

图3-9　不同类型沙障风蚀沙埋程度

（4）土壤表层硬度及物理结皮。土壤硬度指土粒排列的紧实程度，又称土壤坚实度、土壤穿透阻力，即土壤抗楔入的阻力。一般用金属柱塞或探针压入土壤时的阻力表示（单位为 Pa）。土壤对柱塞压入的阻力由土壤抗剪力、压缩力和摩擦力等构成。它是土壤强度的一个合成指标。

不同类型沙障土壤硬度，随年度变化逐年降低，说明表层土壤紧实度变小，未铺设沙障区（对照）土壤硬度年度基本无变化，平均 38.16kg/cm^2，硬度值最大，风蚀较严重。土壤硬度变化规律可以看出，2020 年黄柳+PE 纱网沙障与 PE 沙障基本无差异，硬度为 10.21kg/cm^2 和 12.41kg/cm^2，PLA 沙障区硬度在 4 种沙障类型中最大，为 20.11kg/cm^2，说明该沙障防护效果较差，风蚀情况严重（图 3-10）。

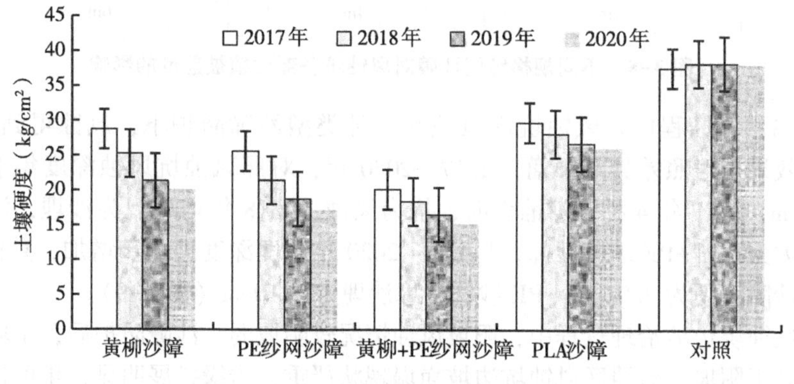

图 3-10　不同类型沙障土壤硬度变化

纱网沙障（4m）防护下，风蚀坑土壤硬度变化规律呈现底部>阴坡>阳坡。2017—2020 年土壤硬度均呈减小趋势，2020 年风蚀坑底部和阴坡土壤硬度大小基本一致，说明风蚀得到有效控制，积沙的出现使得土壤硬度变小，底部和阴坡受到风蚀的影响越来越小（图 3-11）。

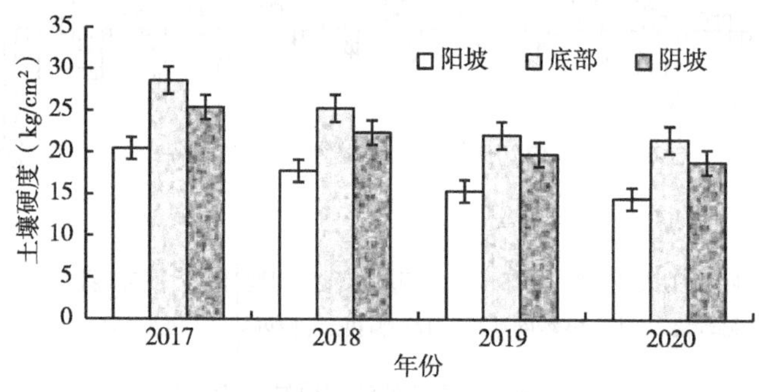

图 3-11　4m 纱网沙障不同年份风蚀坑各部位土壤硬度变化

2020年多种沙障类型内出现物理结皮，黄柳沙障物理结皮厚度平均为0.5cm，PE纱网沙障物理结皮厚度达到0.6cm，黄柳+PE沙障为0.4cm，黄柳+PE沙障植被盖度最大，虽然风蚀最小，但植物滞尘作用强，致使物理结皮厚度及硬度均低于PE纱网沙障。黄柳+PE纱网沙障内有零星生物结皮出现。

5. 风蚀坑积沙区（流动沙地）治理成效

（1）植物种类。风蚀坑积沙区不同类型沙障防护下，植被种类逐年增加。防护当年（2017年），黄柳沙障、PE纱网沙障、黄柳+PE纱网沙障和PLA沙障，植物种类平均分别增加3种、4种、5种和2种，PE纱网沙障和黄柳+PE纱网沙障恢复效果明显，能够达到快速恢复植物种数的效果。PE纱网沙障种类增加速度最快，2020年达到11种，黄柳+PE沙障达到8种，PLA沙障仅为4种。4种类型沙障风蚀坑积沙区植物种类均与未铺设沙障区（对照）差异显著（图3-12）。

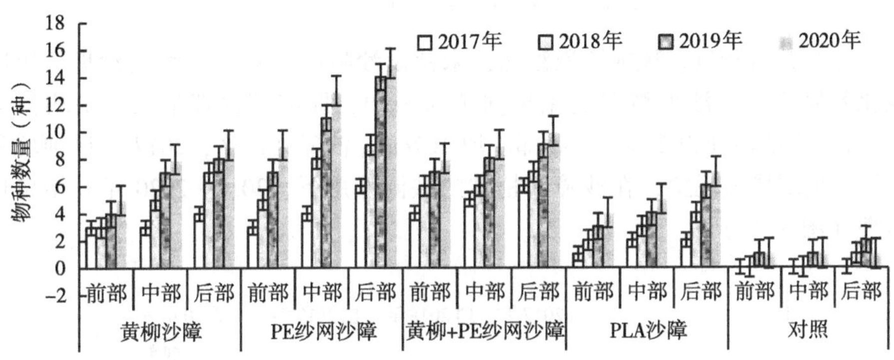

图3-12 风蚀坑积沙区不同类型沙障植物种类变化

植物种类在风蚀坑积沙区，呈现明显的分带性。前部多为1年生草本植物，中部多年生植物种类逐渐增多，后部多年生草本植物占据主体，达到8种，褐沙蒿、虫实、扁蓿豆、叉分蓼、薹草、冷蒿、花旗杆和棘豆。从植物种类变化上看，前部<中部<后部，前部沙埋情况较为严重，后部积沙量小，呈现明显分带性。

（2）植被盖度。风蚀坑积沙区植被盖度变化，2017—2020年，逐渐增加，4种类型沙障植被盖度均增加，并与对照区差异显著，说明沙障防护效果明显。植被盖度前2年增加缓慢，第三年（2019年）增加较快，植被恢复后，植被和沙障同时起到作用，利于盖度的增加。

盖度变化具有明显的分带性，前部<中部<后部，前部植被盖度平均为22%，中部为34%，后部达到52%。2017年（当年），PE纱网沙障和黄柳+

PE 纱网沙障植被盖度均达到 20.76%，PLA 沙障仅为 8.4%。2020 年，黄柳+PE 沙障和 PE 纱网沙障植被盖度平均达到 53.33%和 52.66%，PLA 沙障仅为 24%（图 3-13）。

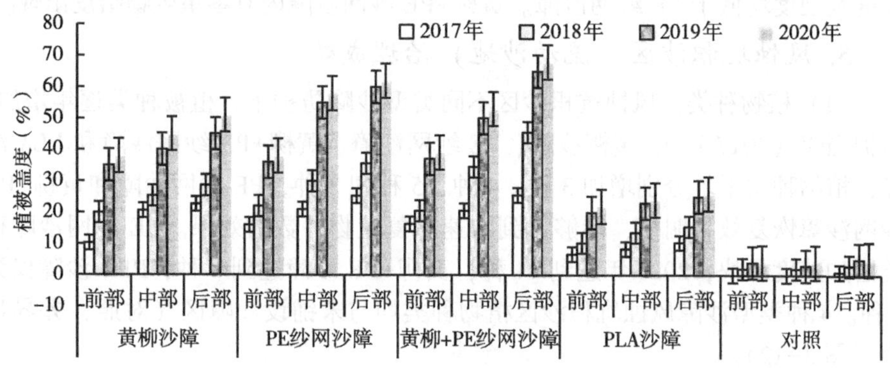

图 3-13　不同类型沙障风蚀植被盖度

（3）风蚀程度。风蚀坑积沙区，未铺设沙障区（对照）均为沙埋，年度变化差异不大，沙埋情况随主风向依次减弱，即前部沙埋最大，平均值为 3.1cm，中部沙埋为 2.6cm，后部沙埋 1.7cm。沙障铺设区，2017 年风蚀坑积沙区均出现风蚀现象，在沙障和植被的共同作用下，2018—2020 年开始出现沙埋（图 3-14）。

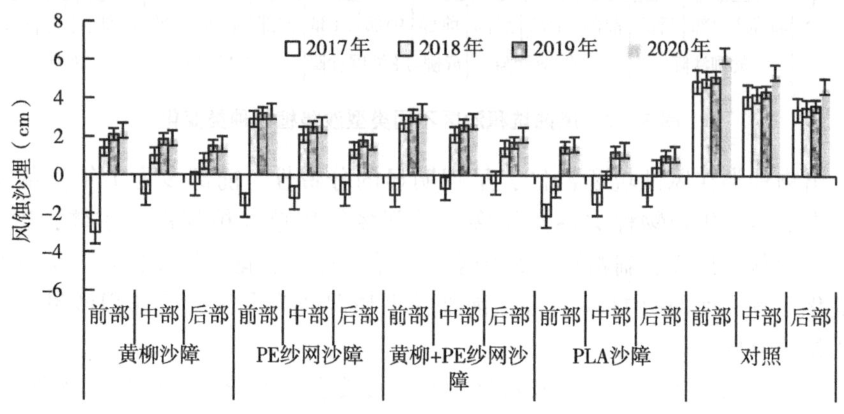

图 3-14　不同类型沙障风蚀沙埋程度

沙障铺设区，2017 年与对照区沙埋现象相反，均为风蚀，植物种类增加后，在 2018—2020 年开始出现沙埋现象，这与风蚀坑内部防护是相互作用的。

（4）土壤表层硬度及物理结皮。风蚀坑积沙区，未铺设沙障区（对照）均为沙埋，土壤硬度值最小，年际变化不大。沙障铺设区，土壤硬度逐年下降，4 种不同类型沙障土壤硬度变化，PLA 沙障>黄柳沙障>PE 纱网沙障>黄柳+PE 纱网沙障。对照区土壤硬度平均值 6. 4kg/cm^2，黄柳+PE 纱网沙障土壤硬度为 12. 75kg/cm^2（图 3-15）。

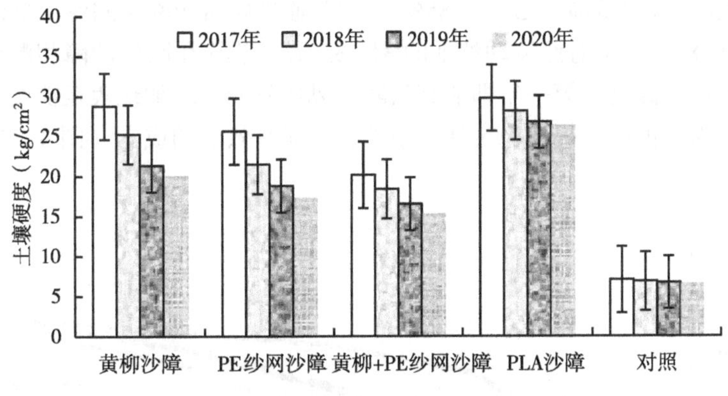

图 3-15　不同类型沙障土壤硬度年度变化

风蚀坑积沙区，PE 纱网沙障，土壤硬度随年度变化逐年减小，积沙区前部硬度<中部<后部。风蚀坑积沙区，前部容易积沙，后部积沙量越来越少（图 3-16）。

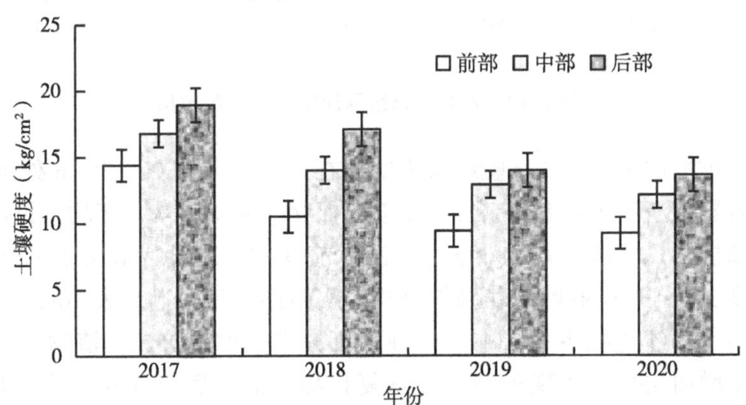

图 3-16　风蚀坑不同部位土壤硬度年际变化

风蚀坑积沙区，在 2019 年出现物理结皮，积沙区比风蚀坑内物理结皮厚，沙障防护后，积沙区风蚀控制较好，植被恢复较快，黄柳沙障物理结皮厚度平均为 0. 7cm，PE 纱网沙障物理结皮厚度达到 0. 9cm，黄柳+PE 纱网沙障为 0. 6cm，PLA 沙障为 0. 2cm。PE 纱网沙障和黄柳+PE 纱网沙障，在积沙区后部边缘处有零星生物结皮出现。

6. 风蚀坑综合防护及植被恢复效果

纱网沙障对风蚀控制试验研究结果表明，风蚀坑分部位治理，坑体和积沙区分别设置4m带状和网格沙障后，近地表0~10cm高度范围内，风速降低23%~48%，输沙量减少59%~85%，风蚀强度减弱46%~54%，粗糙度增加0.74%~0.85%，是对照流动沙地的31~35倍。带状和网格沙障相配套，分部位精准固定风蚀坑，第一年即能有效降低风速效能，增加地表粗糙度，快速控制风蚀、为植被恢复提供稳定地表条件，又能有效节约成本（图3-17）。

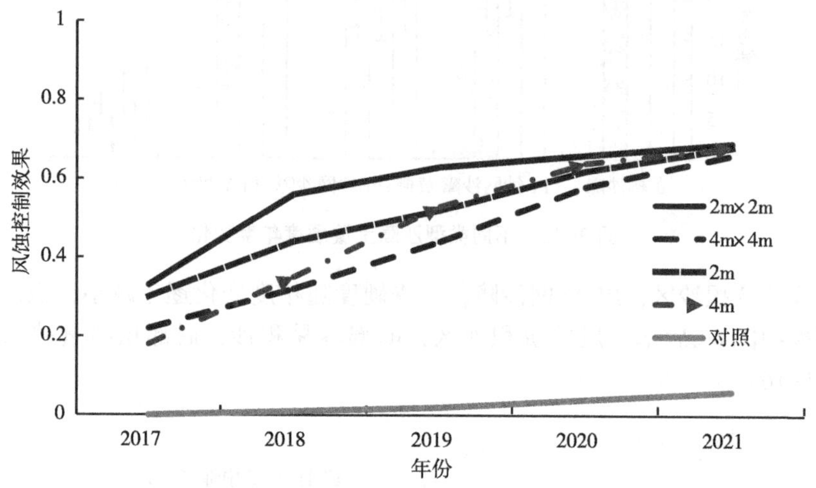

图3-17　不同规格纱网沙障风蚀控制效果

风蚀坑植被快速恢复试验结果表明，在沙障背风侧20~30cm处雨季栽植樟子松容器苗当年成活率95.8%，第五年保存率为90.6%，年均生长量42cm。雨季撒播杨柴，株高平均为115cm；沙障前0~20cm可拦截天然植物14种，平均高度35cm。纱网沙障+植被恢复技术实施第一年，近地表10cm处风速降低76.5%、输沙量减少82.1%、风蚀强度减弱90%~95%，植物种类增加5种，盖度增加35%，实现植被快速恢复目标。治理后第3年出现厚度0.3~0.5cm的物理结皮，第4年出现厚度0.2~0.3cm的生物结皮。第5年，植物种类增加至16种，盖度达到65%（图3-18）。

综合风蚀坑防护效果、植被恢复速度及关键参数指标赋值比较，风蚀坑快速固定技术+植被快恢复技术防护为最优组合，不仅能快速固定风蚀坑和恢复植被，而且能形成乔灌草立体稳定防护效果。提出风蚀坑快速固定与植被恢复技术模式：纱网沙障+樟子松人工造林+撒播杨柴+天然植物恢复的植被快速恢复技术模式。

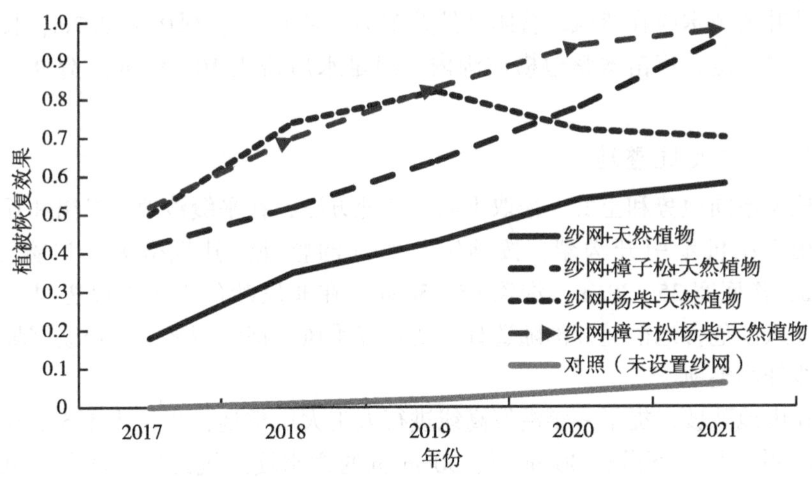

图 3-18　不同规格纱网沙障植被恢复效果

五、抗旱造林系列技术

具体环节包括：壮苗-苗木保水、补水-深沟大坑整地-深栽、扩坑保墒-分层踩实-培抗旱堆。技术核心是苗木不离水和保墒抗旱。

1. 选用良种壮苗

壮苗具有较强的抵御干旱的能力和快速生长潜力。为了培育壮苗，除了采取增施底肥、磷肥、加强管理等措施外，要控制水分管理，并对苗木产量和质量加以限定。例如，同是二年生油松苗，地径平均 0.45cm 的苗木造林成活率为 87%，而地径平均为 0.37cm 的苗木造林成活率为 79%。

2. 苗木保水

从起苗到栽植的全过程中，严格保护苗木特别是苗根的水分。主要措施是在苗木越冬和掘苗前灌足水，随起苗随假植，用湿土埋好苗根，在苗圃集中假植时，要深埋、灌水，有条件的苗圃要用清水浸泡苗木。苗木出圃时要将占根蘸浆打包，不宜打包的大苗用草帘封车。造林时用植苗桶或其他保湿容器盛苗。

3. 浸苗补水

阔叶树苗木运到造林地后，选择有流动水的地方，全株卧在水中浸泡。上压重物防止浮出水面，浸泡 48h 以上然后栽植。切忌把苗木浸在含盐量高的死水中。无明水的地方，在村户附近分散挖大坑，直立放入苗木，深埋 2/3 以上。灌足水，2d 后随栽随取。

针叶树苗木应在背风、背阴处挖贮苗沟，宽 1.2m，深 0.5~0.7m，长度视苗木数量而定。将苗木整包横放沟内，灌足水后盖土 10~15cm。造林时随用随取。

4. 深沟大坑整地

根据不同地势和土壤，采取不同的整地方法，在平缓沙地、漫岗和丘陵缓坡，用拖拉机牵引开沟犁，按预定行距开沟整地。其规格为上口宽 110~120cm，沟底宽 25~30cm，沟深 45~50cm。在非风沙危害的地段提早一年整地，在风沙危害地段随开沟随造林，防止春季风沙把沟埋平。在丘陵缓坡，沿等高线开沟整地。

在山地陡坡，提早一年沿等高线进行人工大坑整地，规格为 1.5m×0.7m×0.5m，并在坑的下沿筑 30cm 高、50cm 宽的拦水埂。坑的横向间距为 0.5m，上下两行的坑间距依林种、树种而定，一般为 3m，并呈“品”字形排列。这种规格的大坑整地，每亩可多蓄水 40~50m^3（相当增加 380~476mm 的降水量），即使在 20 年一遇的大雨条件下，也能确保水土不下山。

深沟大坑整地有以下作用，一是由于整地后在沟（坑）下挖植树穴，可以深栽保墒，使根层土壤含水量增加 6.5%~77.2%；二是可以蓄水保墒，提高土壤含水量 36.4%~93.3%；三是阻碍杂草生长，使新栽的苗木可以得到较多的水分和养分；四是改善土壤理化性状，增加肥力；五是造林后能对杨树等易生不定根的树种产生增根效应，增加根量达 34.4%。多年的实践证明，开沟造林的成活率比一般穴状整地造林提高 15%~30%。

5. 扩坑保墒

扩坑就是在植苗时，不直接回填挖出的土，而是直接铲下植穴四壁的湿土作为回填土，这样既扩大了植穴，又减少了土壤失墒和避免掺入干土的机会。

6. 适当深栽

一是指在深沟大坑的基础上，造林时在沟内或坑内再挖植树穴，使苗根深入到地下 70~90cm 土壤水分较好、较稳定的部位。阔叶苗木栽植坑长、宽、深各 40cm，针叶苗木采用小坑垂直靠壁（背阴面）法，坑长 30cm，宽 15cm，深 25cm。

二是指苗木地径部位埋在植坑内的适宜深度，阔叶苗一般深入坑下 10~30cm，针叶苗要使有叶部分的 1/2 深入坑下。

由于栽植较深，不但能使苗根系完全处在土壤含水分较高处，有利于吸收水分，又能使苗茎裸露较少，减少苗木蒸腾耗水，有助于苗木体内的水分平衡，提高成活率。

7. 分层踩实

将阔叶苗直立放入坑底，扩坑填土至坑深一半时，向上提苗使之处于坑下适宜深度，实踩一遍，然后再扩坑填满土，再踩一遍。通过两埋两踩，使苗根既舒展又能与土壤接触紧密，不透风。将针叶苗依靠在坑的背阴直立面，苗根接触坑底，再将对面坑壁湿土翻入坑内，填土达到坑深一半时，提苗踩实，再填入湿土踩实。

8. 培抗旱堆

植完苗后，随即在苗木外围培一个湿土堆。阔叶苗一般培土 20~30cm 高。针叶苗培抗旱堆的高度以顶端露出 3~5cm 为宜，减少土壤失水，减轻苗木水分蒸腾，确保幼苗成活。

六、注水造林技术

使用液压抗旱注水植树机完成系列作业过程。该机由 65 马力①以上拖拉机牵引，前铧破开表层干土，后铧在沟中开沟形成土槽，边开沟、边注水、边植苗、培土、镇压、覆土一次完成，这种先灌水后植苗再覆土的造林工艺大大提高了苗木成活率。

该植树机配有水箱，水管直通植苗开沟器中直接注水，人工将苗插入水中再覆土，可大大节水，降低造林成本。该机每天造林 150~200 亩，可植 1~3 年生大苗，也可植灌木，该机靠双油缸起落，可随时调整深浅。

植苗深度：50~70cm，该机配有胶轮，运输行走方便，可使用于旱地区、黏土地、沙地、草地大面积造林。

七、钻孔深栽插干造林技术

这种造林方法是根据从意大利引进的“杨树插干钻孔深栽造林技术”，并经多年试验而形成的一种沙地造林技术。

其造林方法是：在水位 1~3m 的沙土、沙壤土上，按株行距 4m×6m 或 5m×6m，用钻孔机钻孔到地下水位以下 20cm 左右，孔径 12cm。将 3 年生杨树截根插干（高约 5m，胸径 3cm 以上）插到栽植孔底，后用干沙填孔，摇动树干分层捣实。栽后在幼树四周和株间翻土除草，钻孔前不要整地，钻孔机 1h 可钻孔 45 个。生产实践证明，在地下水 1~3m 条件下（水质每升含盐 1. 1g 以

① 1 马力约为 735 瓦，全书同。

下），杨树大插干深栽成活率达 90% 以上，节省平地、打井、修渠等投资 44%～70%。

插干造林可在春秋两季进行，秋植在无灌溉条件下安全越冬而不发生枯梢。插干栽在地下水位下面 20～30cm，冬季土温 6～9℃，均可缓慢地生长根系。插干浸水部分可通过皮部、切口和根系吸水。在一定范围内成活率、生长量随栽植深度而增加。在整个土层中插干上均有根系生长，但在毛管水上升层根系数量最多，下部 50cm 土层中的根系，比上部根系的总和还多。由于水分供应充足，枝条叶片水分亏缺比常规造林小，而蒸腾速率比常规造林高，树木生长良好。在条件类似地区，钻孔深栽是个值得推广的造林方法。

八、纱网沙障固沙造林技术

沙障是防沙治沙工程的有效措施，尤其在流动沙地治理和植被恢复中具有重要作用。中国科技工作者在长期的防沙治沙实践中，已成功研制出多种类型沙障，但上述各种类型沙障存在的普遍问题是以人工铺设为主，工作量大，速度慢，效率低。因此如何降低沙障铺设成本，并实现机械化铺设作业是生产实践中急需解决的问题。为此，按照“311+N”的总体思路，采用纱网沙障应用基础、技术研发与示范相结合，开展本项目研究，并取得了预期成效和目标。本项目所谓“311+N”的总体思路中的 3 是指该沙障材料生产的工厂化、野外施工铺设机械化和沙障固沙技术标准化；两个 1 是指沙障材料和施工费用低成本和沙障材料长寿命（10 年及以上）；所谓 N 是指该沙障材料质量轻、便于运输、施工方便等诸多优点。

1. 纱网沙障风洞试验研究

本试验是在中国科学院寒区旱区工程研究所沙坡头研究站风沙环境风洞中进行。风洞全长度 37.78m，试验段长度为 21.0m，横断面 1.2m×1.2m。同时在距离试验段起点约 12m 处的洞体中心位置铺设纱网沙障。

2. 纱网沙障计算机模拟研究

研究目的是借助计算流体力学中的多孔介质模型，模拟纱网的设置对地表气流场的影响作用，为此，将纱网沙障的挡风效应简化为多孔介质在风场中的绕流问题，运用 CFD 流体计算软件，选取标准 k-ε 模型对纱网沙障不同排列情况下在风场中的绕流进行了数值模拟，为纱网沙障的实地布置提供初步的理论依据。

3. 纱网沙障设置

沙障材料为聚乙烯（Polyethylene，PE）抗老化纱网材料。网孔尺寸 1.0～

2.0mm，纱网宽50～60cm，纱网长50～100m。根据需要治理流动沙地起伏、流动沙丘坡度情况，设计该沙障的铺设形式为2m、4m、6m和8m带状。铺设时按照具体施工设计在流动沙地表面画线，然后将纱网平铺在画好的线上，用长方形平底铁锹在纱网中心部位下压，下压深度10～15cm，使平铺网片两端翘起直立，形成高度10cm左右的沙障。

4. 纱网沙障内固沙造林

沙障设置和造林时间不冲突，可造林后设置纱网沙障，亦可按照铺设好沙障后进行造林。栽植坑部位在沙障背风侧20～30cm范围，造林方式可以采用植苗造林、插条造林、容器苗造林，同时也可以在沙障间进行雨季播种造林等。

5. 成效调查

风蚀积沙测定采用插钎法，造林成活率调查采用逐行每株调查，草本植被调查采用样方法，样方面积1m×1m，5次重复。

6. 研究结果

（1）纱网沙障风洞研究。从我们的研究结果看，设置纱网沙障后，不同高度沙障影响着风特征，改变了风沙流的运动轨迹，并且由于风动力和风速流场的变化，气流也发生了明显的紊动，改变着地表风沙流的结构，使沙障在控制地表风蚀方面起到了明显的作用。直压立式纱网沙障后改变了地表风沙流结构，有效拦截地表风沙流中的沙粒，减少风沙危害，且不同规格的纱网沙障其拦沙效果不同。不同沙障高度下直压立式纱网沙障两侧风蚀积沙深度存在差异。通常，在纱网沙障迎风侧发生风蚀，背风侧形成积沙，且在沙障铺设位置（0H处）积沙量最大。直压立式纱网沙障具有降低风速的效果，并且由于沙障高度或障高不同，沙障上方及沙障两侧风速流场的变化特征不同。随着障高增加，在沙障上方及沙障背风侧形成的高风速涡旋数量也随之增加。

①纱网沙障的输沙量变化特征。从图3-19可以看出，在没有沙障条件下，11m/s风速条件吹蚀3min后，在距地面0～2cm高度范围输沙量为1.85g/（cm^2·min），占距地面0～24cm高度总输沙量的41.45%，距地面2～4cm高度输沙量为1.21g/（cm^2·min），占总输沙量的27.08%，距地面4～6cm高度输沙量为0.59g/（4cm^2·3min），占总输沙量的13.27%，同时，随着距离地面高度的增加，输沙量显著降低，并且距地面24cm及以上高度，阶梯式集沙仪没有收集到积沙量。可见，在没有沙障条件下，风沙流主要是在近地表运动，且距地面0～6cm高度输沙量占总输沙量的81.82%，距地面0～10cm高度输沙量占总输沙量的93.3%。因此，设置距地面以上10cm高度的沙障就能够较好

地拦截地表风沙流，减少风沙危害。

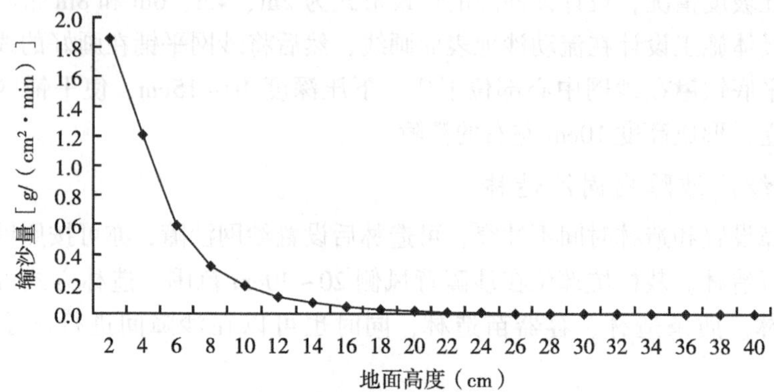

图 3-19　无沙障条件下输沙量变化

参考图 3-19 变化曲线，从图 3-20 中可以明显地看出，设置带状纱网沙障后对拦截地表风沙流具有显著的效果，并且，风沙流结构也发生明显的变化，即输沙量最大的高度不是在距地表 0~4cm 高度范围，而是随着沙障高度差异而变化。

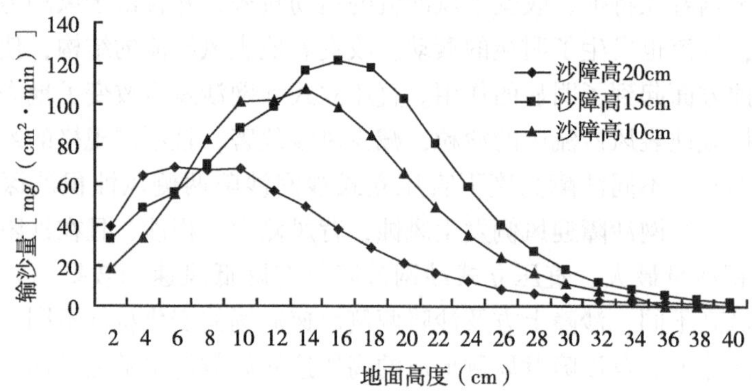

图 3-20　不同高度沙障条件下输沙量变化

从沙障拦沙效果看，在距离地表 0~40cm 高度范围内，沙障高度 10cm 的带状纱网沙障总输沙量为 0. 9g/（cm^2·min），沙障高度 15cm 输沙量为 1. 11g/（cm^2·min），沙障高度 20cm 输沙量为 0. 56g/（cm^2·min），而无沙障对照输沙量为 4. 47g/（cm^2·min），说明纱网沙障拦沙效果非常明显。同样，在距离地表不同高度范围内，因沙障高度不同其拦沙效果存在差异。例如，在距离地表 0~6cm 高度范围内，沙障高度 10cm 的带状纱网沙障效果最好，其输沙量为 0. 11g/（cm^2·min），沙障高度 15cm 输沙量为 0. 14g/（cm^2·min），沙障高度 20cm 输沙量为 0. 17g/（cm^2 · min）。而在距离地表 8cm 高度以上范围内，沙障高度 20cm 的带状纱网沙障效果最好，例如，10～40cm 高度其输沙量为 0. 32g/（cm^2 · min），沙障高度 15cm 输沙量为 0. 9g/（cm^2 · min），沙障高度 10cm 输沙量为 0. 71g/（cm^2 · min）。

②纱网沙障风蚀积沙的变化特征。风蚀积沙特征是影响流动沙丘固沙造林的重要因素。从图 3-21 中可以看出，不同沙障高度，沙障后 0H 处积沙量最大，积沙厚度为 1. 67～4. 1cm；沙障前 0H 次之，积沙厚度为 0. 97～2. 34cm。同时，随着远离沙障距离，沙障两侧风蚀积沙深度存在差异。

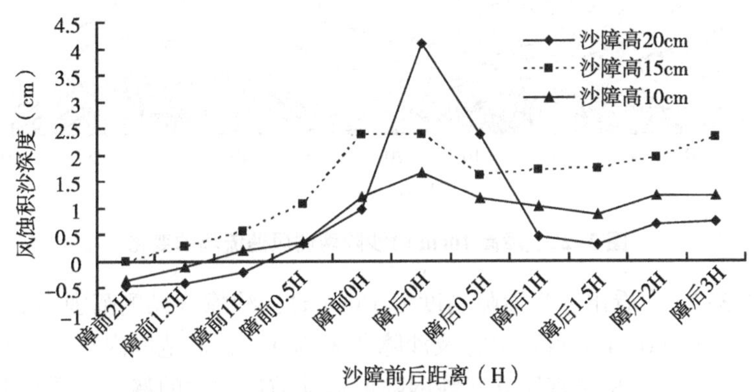

图 3-21 沙障前后不同距离风蚀积沙的变化

当沙障高度 20cm 时，在纱网沙障迎风侧（障前）2H、1. 5H 和 1H 位置发生风蚀，风蚀深度分别为 0. 47cm、0. 4cm 和 0. 2cm，而在障前 0. 5H 处形成 0. 3cm 的积沙，同时在纱网沙障背风侧（障后）形成持续的积沙过程，并且在障后 0H 处最大，积沙厚度为 4. 1cm。同样，当沙障高度 10cm 时，在纱网沙障迎风侧（障前）2H、1. 5H 位置的风蚀深度分别为 0. 34cm 和 0. 1cm，而在障前 1H 处形成 0. 2cm 的积沙，其他位置则形成持续的积沙过程，并且在障后 0H 处最大，积沙厚度为 1. 67cm。但是，当沙障高度 15cm 时，无论是在纱网沙障迎风侧（障前），还是在背风侧（障后）不同的位置，均形成持续的积沙过程，并且在障后和障前 0H 处最大，积沙厚度均为 2. 34cm。

③纱网沙障对风场变化的影响。风是塑造风沙地貌形态的基本营力之一，也是沙粒发生运动的动力基础。所以设置沙障后，其风速流场变化可以评价该沙障的固沙效果如何。从图 3-22 至图 3-24 中可以看出，在 20cm 以下高度范围内，沙障具有降低风速的效果，并且由于沙障高度不同，沙障两侧的风场变化特征也不同。

从图 3-22 中可以看出，当沙障高度 10cm 时，沙障背风侧 0～20cm 和 40～

60cm 范围形成明显的弱风区，在沙障迎风侧（负值）0~30cm 范围内，风速呈现出逐渐降低的过程，但在设置沙障位置（0cm 距离）的上方 10cm 以上高空则形成 1 个高风速涡旋，并对悬移的沙粒运动产生影响，使空中的风沙流处于不饱和状态，并把沙粒运送到更远的距离，从而减少地表风蚀危害。

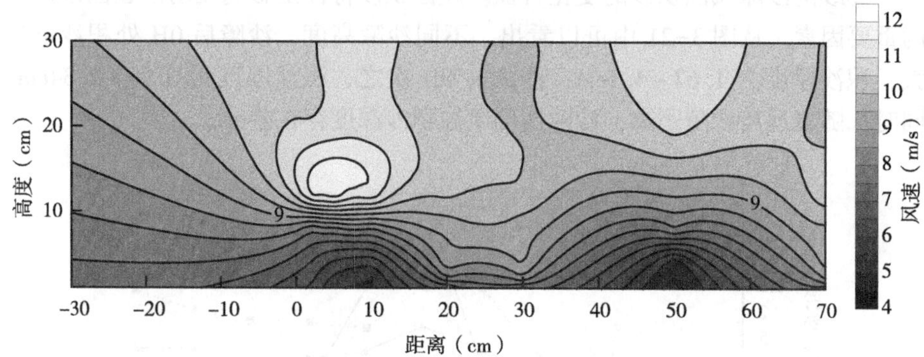

图 3-22　障高 10cm 时沙障两侧风速流场的变化

从图 3-23 中看出，当沙障高度为 15cm 时，沙障背风侧范围形成弱风区。而在沙障位置（0cm 距离）上方及沙障背风侧 0~30cm 范围内空中则形成几个高风速涡旋，这反映出直压立式纱网随风运动前后摆动的特点，同时由于纱网有网眼又具有通风的作用。正如张克存等研究表明，不同下垫面通过影响风沙活动层气流的能量分布来影响风沙流的结构。所以，当沙障高度 15cm 时，纱网沙障对空中气流具有一定的扰动作用，出现 3~4 个高风速涡旋。

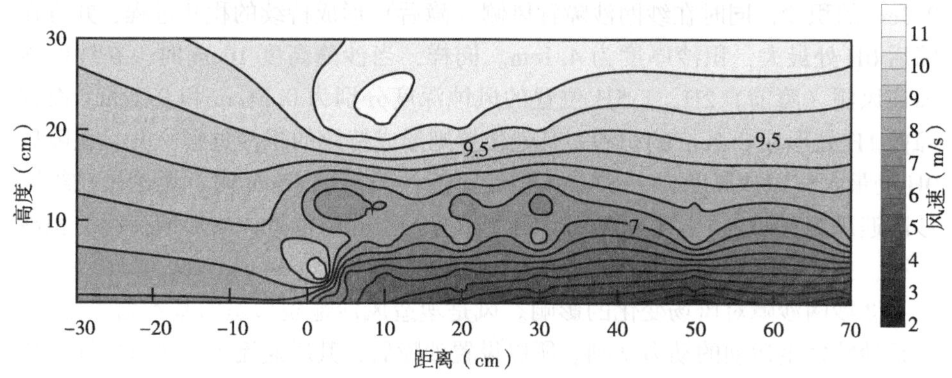

图 3-23　障高 15cm 时沙障两侧风速流场的变化

同样，从图 3-24 中看出，当沙障高度 20cm 时，沙障背风侧范围形成弱风区，并在沙障位置（0cm 距离）上方及沙障背风侧 10cm 高空范围内形成

8~9 个高风速涡旋，进一步印证了直压立式纱网随风运动前后摆动对空中气流的扰动作用更加强烈，其降低风速的效果会更好。

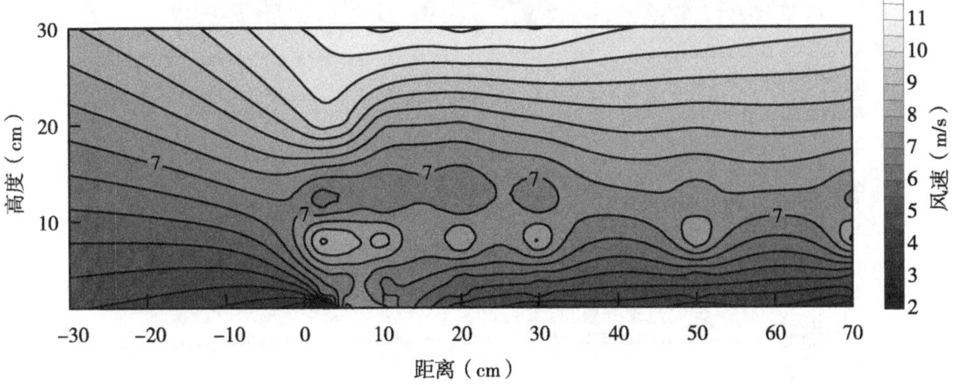

图 3-24 障高 20cm 时沙障两侧风速流场的变化

（2）纱网沙障计算机模拟研究。结果表明，纱网沙障对近地表气流流动的阻碍作用非常明显。当纱网按 1~4m 不同间距带状铺设时，在近地表 0.05m 处，纱网后的风速都比初始风速减小了 50%以上。纱网按带状、网格状不同形式布置时，通过模拟计算结果比较，发现对气流的阻挡效果的优劣排列顺序是：120°网格 > 90°网格 > 带状 > 60°网格，其中按 120°网格状布置时，纱网后 0.05m、0.1m 高度处的风速都比初始风速减小了 60%以上。对于有坡度的地形，在迎风坡上布置纱网，同样对近地表气流流动有阻碍作用，但作用效果不及平地的降风幅度，且坡度角越大其作用效果越差。

①带状纱网沙障气流场速度云图。从图 3-25 中可以看出，单条带纱网沙障对其前后不同距离处相同高度处的风速有影响，但风速最小区域出现在纱网后方 0~35cm 处，而在沙障至其后方计算域的出口边界，近地表处均出现绿色，该区风速相对较小，说明纱网沙障影响程度、影响距离较大。

而在两条带、三条带纱网沙障的后方影响区域可以看出，纱网沙障的风速防护叠加效果显著，蓝色区域连接在一起，这将直接提升纱网沙障的防护效果，同时可以看出，两条带、三条带纱网沙障叠加防护效果，至其防护高度出现显著提高。

②带状纱网沙障气流场速度变化。在气流场速度云图相同的计算域内，气流场速度矢量变化效果更为直观，如图 3-26 所示。

从图 3-27 中可以看出，在 3 种矢量图中风速扰动（方向多变）程度最大区域均出现在沙障设置处，但是扰动程度较小。同时也可以看出，在沙障后方并未形成较大范围的风速方向多变现象，在后方区近地表风速方向均一，此现

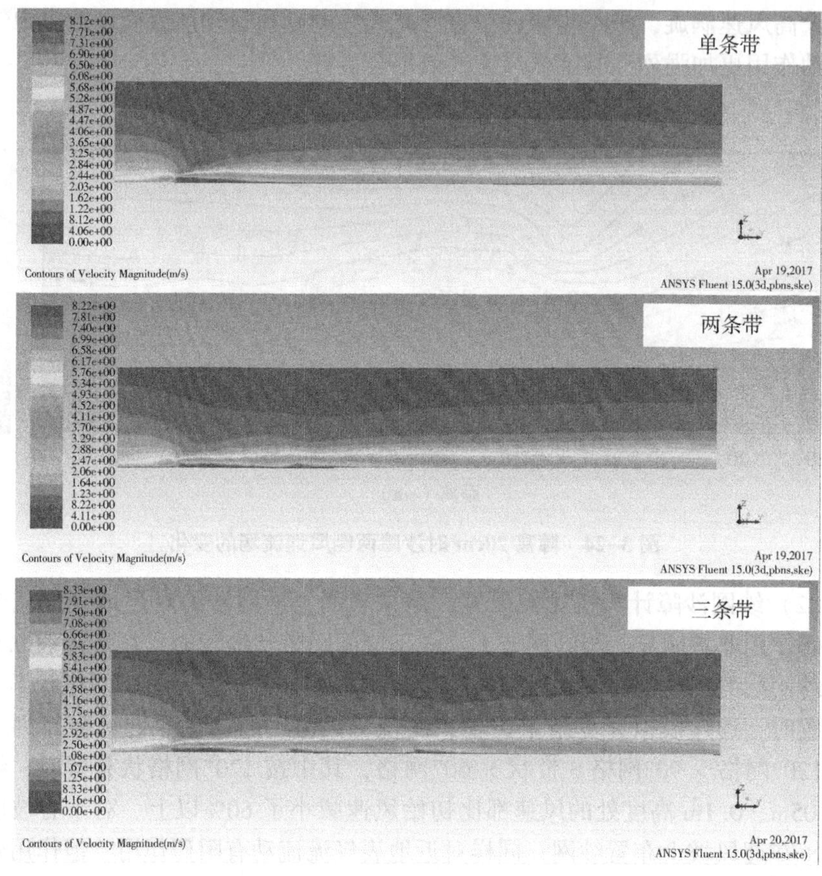

图 3-25　带状线型纱网沙障气流场速度云图

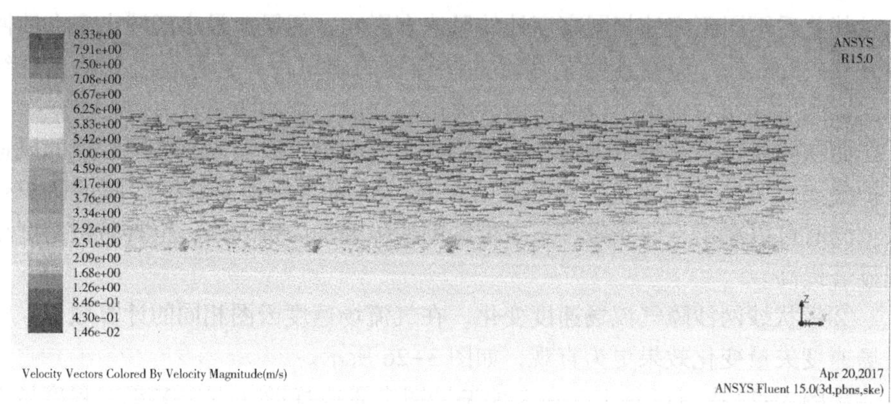

图 3-26　带状线型纱网沙障气流场速度矢量图

象说明过境风对地表的作用较小，将有利于对地表土壤的防护。

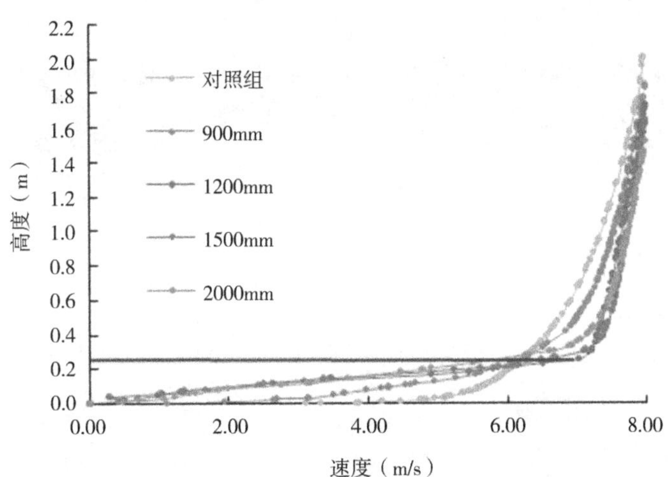

图 3-27　带状线型纱网沙障风速廓线图

在 3 种类型的沙障前后不同位置计算风速情况，并绘制风速廓线图，如图 3-27 所示，其中 900mm 是纱网沙障前 10cm 处，1200mm是纱网沙障后 20cm 处，1500mm是纱网沙障后 50cm 处，依此类推。从图中可以看出，第 1 条纱网对其之间不同位置处距离地面 0. 21m 以下区域的风速有明显减弱影响，对第 2 条纱网后 1m 内不同位置处距离地面 0. 3m 以下区域的风速均有明显减弱作用，第 3 条纱网后 1m 内不同位置处距离地面 0. 39m 以下区域的风速均有明显减弱作用。说明单条沙障能够有效降低周围近地层风速，随着沙障设置条数的增加，即形成防护区具有一定的规模后，在防护区内沙障有效防护距离、防护高度（与对照组相比）均有所增大。

③方格纱网沙障对气流的影响。方格规格在实际应用中也较为常见，在仿真模拟中，对 2m×2m 的方格纱网沙障进行了计算，其中风向为 45°与方格第一条边相交。在模拟中计算域为长方体，长×宽×高 = 10m×5m×2m；沙障规格长×高×厚 = 5m×0. 1m×0. 001m。

从图 3-28 中可以看出，方格纱网沙障对近地表处风速有显著影响，且随着风速向沙障防护区内部深入，沙障有效防护高度也显著提高。同时，也可以看出，方格纱网沙障对气流方向的扰动程度较大，在近地表处风向多变。

方格纱网沙障对气流影响强烈，通过下图对计算域数值进行提取，绘制风速廓线图，结果如图 3-29 所示。

以面 1 为基准，如图 3-29 所示做出了距离入口处 3. 50m、4. 914m、6. 328m、7. 742m、9. 156m 处的风廓曲线。

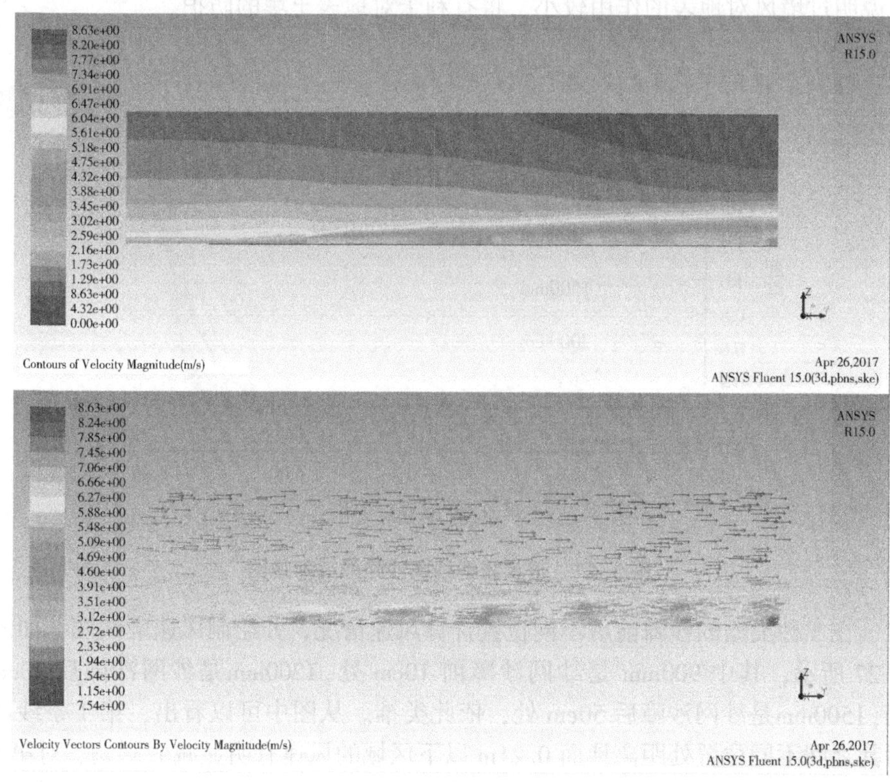

图 3-28　方格纱网沙障流场云图和速度矢量图

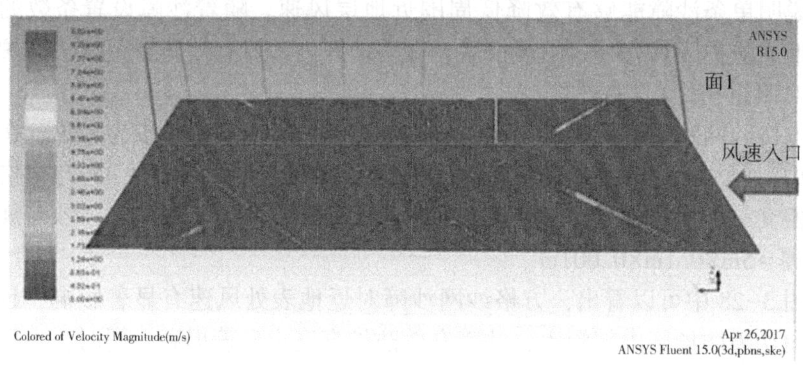

图 3-29　计算域内风速数据提取位置

方格纱网沙障与带状线型相比，对风速的影响较大，从图 3-30 中可以看出，各点前后网格均对该点不同高度处的风速均有影响，影响高度逐渐递增，其不同距离处最大影响高度可达 0.6m，高度分别为 0.34m、0.39m、0.47m、0.51m、0.60m。

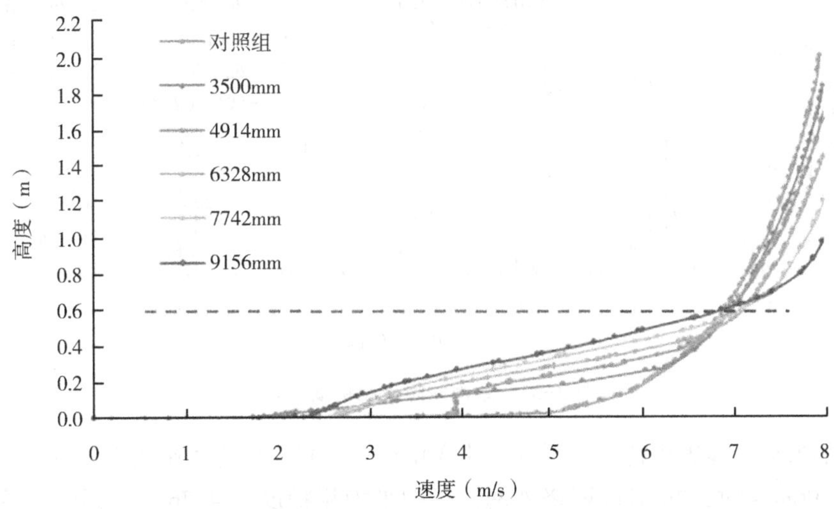

图 3-30　方格纱网沙障风速廓线图

（3）纱网沙障提高防风效能。在不同风速条件下，2m×2m 网格纱网沙障地表粗糙度随着风速增加而呈现出线性降低的规律，而其他规格的纱网沙障则没有类似的变化特征。而在不同风速条件下，尽管不同规格的纱网沙障对相对风速变化的影响程度存在差异，但主要是降低近地表 30cm 以下高度的风速变化。随着风速增加，不同规格纱网沙障防风效能变化总体呈现出降低的趋势，表明在流动沙丘设置沙障时，选择适宜的沙障规格能够较好地发挥其防风固沙效果。在流动沙丘设置 2m、4m 带状或 2m×2m、4m×4m 网格状纱网沙障能够有效降低风速效能，并提高近地表粗糙度，而 6m 带状或 6m×6m 网格状纱网沙障降低风速效能相对较低。因此，在生产中不建议使用 6m 带状或 6m×6m 网格状纱网沙障。

①纱网沙障地表粗糙度变化特征。地表粗糙度体现了地面结构的特征，地面越粗糙，摩擦阻力就越大，相应的风速的零点高度就越高，这样隔绝风蚀不起沙的作用就越大。因此，粗糙度不仅是衡量地表性质的尺度，更是衡量治沙防护效益的最重要指标之一。从图 3-31 可以看出，在不同风速条件下，2m×2m 网格纱网沙障地表粗糙度最大，并随着风速增加而呈现出逐渐降低的变化特征，且表现出明显的线性变化（$Y=-0.6408X+7.3263$，$R^2=0.8809$）规律。同时，其他规格的纱网沙障则没有类似的变化特征。说明

在一定的环境条件下，设置特定规格的沙障，其地表粗糙度和风速变化具有一定的关联性。

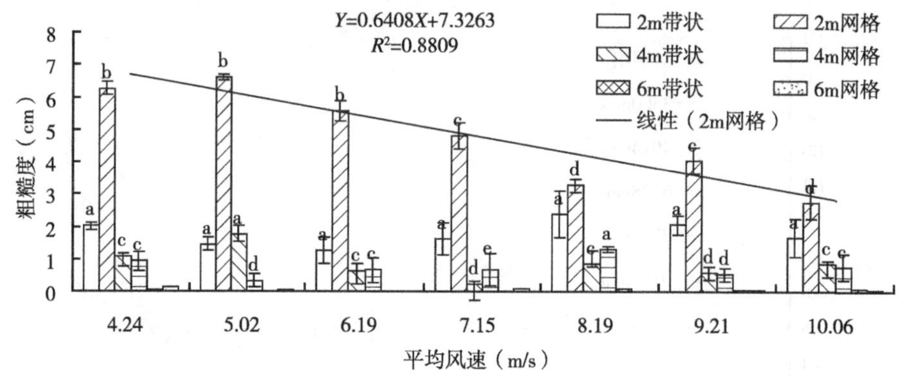

图 3-31　纱网沙障下粗糙度变化

如果从近地表粗糙度及平均风速变化特征判断，平均风速从 4.24m/s 增加到 10.06m/s 时，2m×2m 网格纱网沙障的平均粗糙度为 4.76cm，其防风效果最好。而 2m 带状沙障为 1.77cm，4m×4m 网格、4m 带状、6m×6m 网格和 6m 带状纱网沙障的平均粗糙度分布为 0.74cm、0.85cm、0.04cm 和 0.06cm。表明随着纱网沙障设置规格的增大，其防风效果降低。其中，在流动沙丘设置 2m×2m 网格或带状纱网沙障具有良好的防风效果，其次是设置 4m 带状或 4m×4m 网格纱网沙障也具有一定的防风效果，但设置 6m 带状或 6m×6m 网格纱网沙障几乎没有发挥降低风速的作用。通常，在旷野流动沙丘平均粗糙度约为 0.024cm。

从图 3-32 还可以看出风速比值变化特征。尽管风速不同，但对照区风速比值几乎没有变化，其平均为 1.18，其变化范围在 1.12~1.21。而 2m×2m 网格纱网沙障的风速比值变化范围在 3.33~8.23，其平均值为 5.46；2m 带状沙障风速比值变化范围在 2.44~3.09，其平均值为 2.74；而 4m×4m 网格、4m 带状、6m×6m 网格和 6m 带状纱网沙障的平均风速比值分别为 2.15、2.20、1.56 和 1.50。同样，反映出 2m×2m 网格沙障表现出较好的防风效果。因为同近地表粗糙度指标一样，200cm 和 10cm 高度的风速比越大，其降低风速效果也越明显，也就越有利于减少风对流动沙丘地表的直接吹蚀作用，其隔绝风蚀不起沙的作用也就越大。

②纱网沙障相对风速变化特征。相对风速反映了沙障防风能力变化的特征。相对风速越低，沙障防风效能则越高，或者说设置沙障对降低风蚀危害的效果越好。从图 3-33 看出，不同风速条件下，随着风速或设置纱网沙障

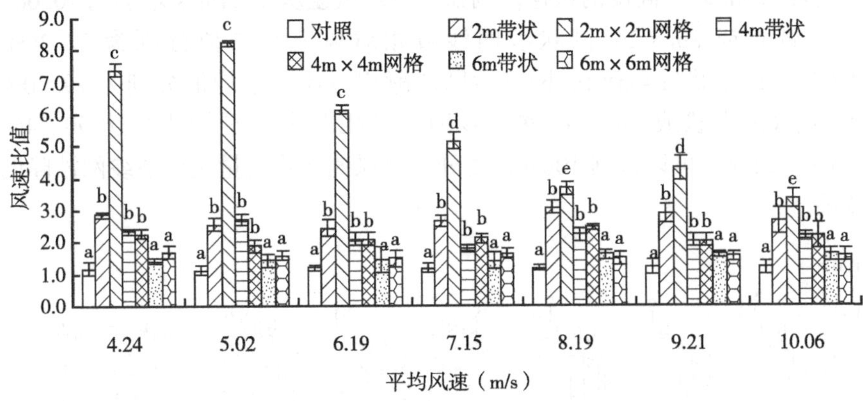

图 3-32　纱网沙障下风速比值的变化

网格的加大，10cm 高度处相对风速值呈现出增加的趋势。例如，平均风速从 4.24m/s 增加到 10.06m/s 时，2m 带状纱网沙障相对风速的变化标准误差为 1.28%，平均值为 43.18%；2m×2m 网状纱网沙障相对风速平均值为 23.89%，标准误差为 3.12%，4m 带状或 4m×4m 网状纱网沙障相对风速平均值分别为 54.59%或 53.11%，标准误差分别为 2.89%或 2.82%，而 6m 带状或 6m×6m 网状纱网沙障相对风速平均值高达 78.99%或 75.48%，标准误差分别为 1.89%或 1.56%。说明不同风速、不同规格的纱网沙障对相对风速变化的影响程度存在差异，或者说 2m×2m 网状、4m 带状或 4m×4m 网状纱网沙障对相对风速变化影响的波动性更大一些，相应地对近地表风沙流扰动也较大。

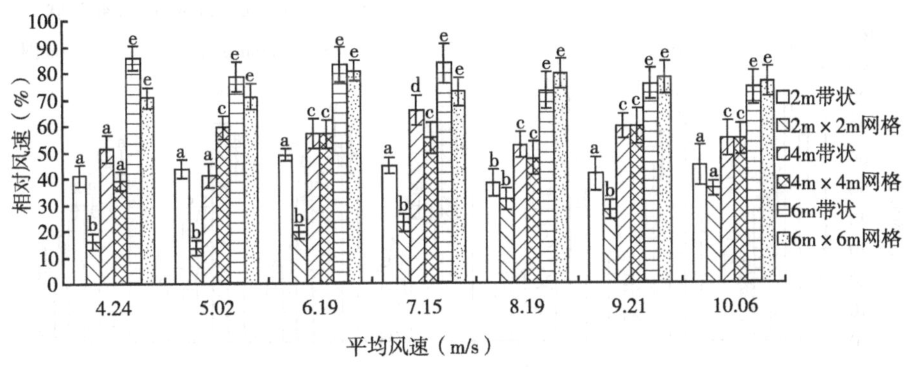

图 3-33　纱网沙障 10cm 高处相对风速变化

另外，从 30cm 高处相对风速变化看（图 3-34），不同风速、不同规格的纱网沙障对相对风速变化影响程度明显降低，表明设置这种纱网沙障主要是降低近地表30cm以下高度的风速。例如，平均风速从4.24m/s增加到10.06m/s时，2m带状或2m×2m网状纱网沙障相对风速平均值分别为72.26%或74.93%，4m带状或4m×4m网状纱网沙障相对风速平均值分别为79.90%或78.69%，6m带状或6m×6m网状纱网沙障相对风速平均值高达90.34%或83.23%。因此，可以根据10cm高度处相对风速变化值量化评估纱网沙障的防风效果。

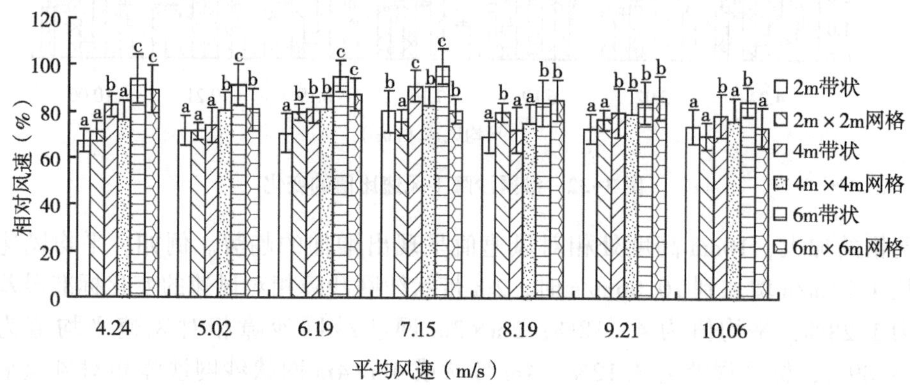

图3-34　纱网沙障30cm高处相对风速变化

③纱网沙障防风效能变化。防风效能是指设置沙障后削弱近地表风速能力的较直观指标。通常，防风效能数值越高，其削弱近地表风速能力也越强。

从图3-35同样可以看出，在相同风速下，随着纱网沙障规格的增加，其防风效能逐渐降低。并且，随着风速增加，不同规格纱网沙障防风效能变化总

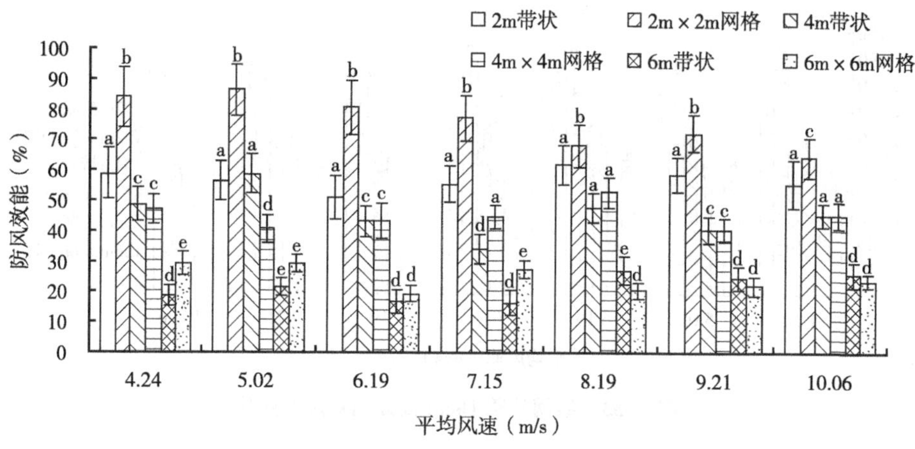

图3-35　纱网沙障10cm高处防风效能变化

体呈现出降低的趋势。例如，2m×2m 网状纱网沙障平均防风效能为 76.11%（标准误 3.39%），2m 带状纱网沙障平均防风效能为 56.82%（标准误 8.26%）；4m 带状或 4m×4m 网状纱网沙障平均防风效能分别为 45.41%（标准误 7.66%）或 44.89%（标准误 4.17%），而 6m 带状或 6m×6m 网状纱网沙障平均防风效能分别为 21.63%（标准误 4.29%）或 25.52%（标准误 4.15%）。说明纱网沙障设置规格是影响其防风效能的重要因素，或者说，在流动沙丘设置沙障时，选择适宜的沙障规格能够较好地发挥其防风固沙效果。

（4）野外设置纱网沙障降低流动沙地输沙量效果显著。在流动沙地设置不同规格直压立式纱网沙障，能够显著降低近地表 100cm 以下风速及 0~20cm 以下风沙流中的输沙量，减少风沙危害。直压立式纱网沙障输沙量随高度增加而降低，而风速则随高度增加而增加，其拟合曲线均呈现出幂函数变化特征。和未设沙障裸沙丘 0~10cm 高度范围近地表输沙量［0.8017g/（cm^2·min）］比较，设置 2~5m 带状沙障平均输沙量为 0.01103g/（cm^2·min），2~5m 网格沙障为 0.00953g/（cm^2·min）。说明同等条件下，网格沙障降低输沙量效果更好。

①带状纱网沙障的输沙量变化特征。输沙量反映了风速和风沙流中含沙量变化的关系。从图 3-36 可以看出，在流动沙丘不设置沙障条件下，随着距离地面高度增加，近地表输沙量表现出明显降低的变化特征，并呈现幂函数变化（R^2 = 0.9765）。其中，在地表 0~2cm 高度范围内（2cm），输沙量高达 0.387g/（cm^2·min），而 2~4cm 范围内（4cm），输沙量则急剧下降到 0.1961g/（cm^2·min），分别占 0~50cm 高度范围总输沙量的 37.3% 和

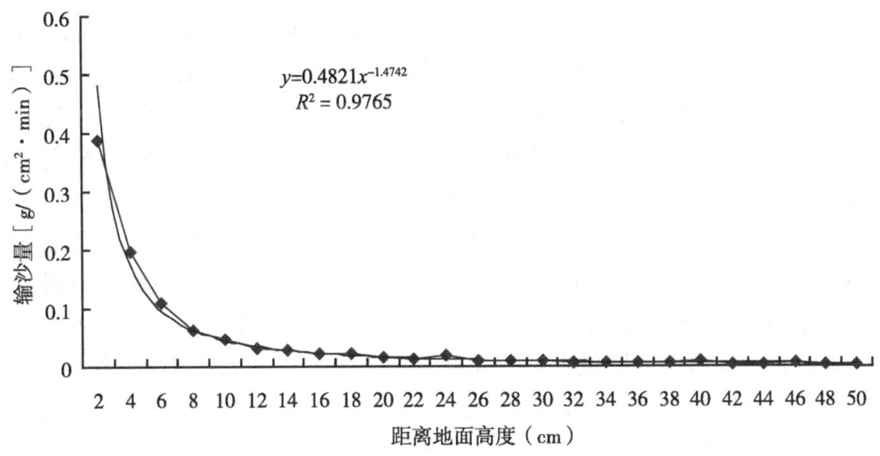

图 3-36 对照（无沙障）条件输沙量变化特征

18.9%，两者合计占总输沙量 56.2%。也就是说，风沙流主要在近地表搬运大量的沙物质。同样，0~10cm 高度范围输沙量为 0.8017g/（cm^2·min），占总输沙量 77.2%。0~20cm 高度范围输沙量为 0.9205g/（cm^2·min），占总输沙量 88.7%。根据这样的变化特征，设置约 10cm 高度的直压立式纱网沙障能够显著拦截近地表风沙流中的沙物质，并减少风沙危害。

图 3-37 是不同带宽直压立式纱网沙障降低风沙流中沙物质的作用效果。在流动沙丘上设置沙障后，由于纱网材料具有随风摆动的特点，其输沙量随高度的变化曲线呈现波动特征，并不像无沙障时那样平滑。但是，输沙量变化的总趋势还是随高度增加而降低，且相同高度内的输沙量明显低于无沙障条件，并均呈现出幂函数变化特征。

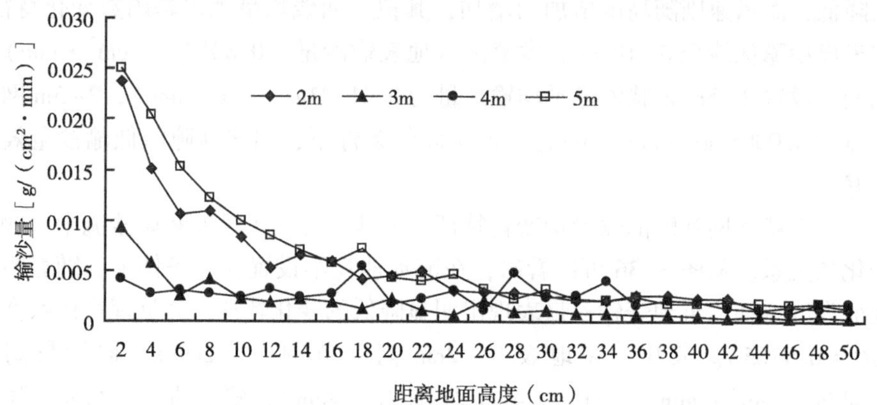

图 3-37 带状纱网沙障输沙量变化特征

从图 3-37 看出，0~4cm 高度范围内，4m 宽带状直压立式纱网沙障降低输沙量效果最好，其次分别为 3m、2m 和 5m 宽带状沙障。而在 0~10cm 高度范围，4m、3m、2m 和 5m 带状直压立式纱网沙障输沙量分别比对照[0.8017g/（cm^2·min）]降低 98.1%、97.0%、91.4%和 85.9%，分别占 0~50cm 高度范围总输沙量的 23.9%、53.1%、52.8%和 62.2%。同样，0~20cm 高度范围，4m、3m、2m 和 5m 带状直压立式纱网沙障输沙量分别比对照[0.8017g/（cm^2·min）]降低 96.7%、96.1%、89.7%和 84.2%，分别占 0~50cm 高度范围总输沙量的 48.4%、74.3%、73.2%和 80.3%。说明在流动沙丘合理设置沙障后，对降低近地表风沙流中的沙物质搬运具有显著作用。

此外，和对照相比，设置带状直压立式纱网沙障对 0~10cm 高度范围输沙量降低程度不同。例如，在地表 2cm 高度范围内，4m 带状沙障输沙量为 0.00425g/（cm^2·min），2~4cm 高度范围内的输沙量为 0.00265g/（cm^2·

min)，分别占 0~50cm 总输沙量［0.0634g/（cm^2·min）］的 6.7%和 4.2%，两者合计为 10.9%，而相同条件下无沙障时，两者合计为 56.2%。同样，3m 带状沙障，在 2cm 范围内输沙量为 0.0093g/（cm^2·min），2~4cm 范围内为 0.0057g/（cm^2·min），分别占 0~50cm 总输沙量的 20.7%和 12.7%，两者合计为 33.3%。2m 带状沙障，在 2cm 范围内输沙量为 0.02375g/（cm^2·min），2~4cm 范围内为 0.01515g/（cm^2·min），分别占 0~50cm 总输沙量的 18.3%和 11.6%，两者合计为 29.9%。5m 带状沙障，在 2cm 范围内输沙量为 0.0250g/（cm^2·min），2~4cm 范围内为 0.0364g/（cm^2·min），分别占 0~50cm 总输沙量的 13.8%和 20.1%，两者合计为 33.9%。闫德仁等研究表明，设置直压立式纱网沙障后，在沙障上方及沙障背风侧形成多个数量不等的高风速涡旋，并扰动了近地表风沙流运行特征。所以，沙物质在沙障拦截下跃移后进入风沙流向前移动，导致直压立式纱网沙障对降低不同高度输沙量比例下降。

②网格状纱网沙障的输沙量变化特征。风是塑造风沙地貌形态的基本营力之一，也是沙粒发生运动的动力基础。而网格状直压立式纱网沙障四周受到纱网摆动的影响，对风沙流中悬移的沙粒运动产生作用。从图 3-38 可以看出，2~5m 网格沙障同样具有良好的降低近地表输沙量的作用。其中，2m×2m 网格沙障效果最好，其次是 3m×3m、4m×4m 和 5m×5m 网格沙障。

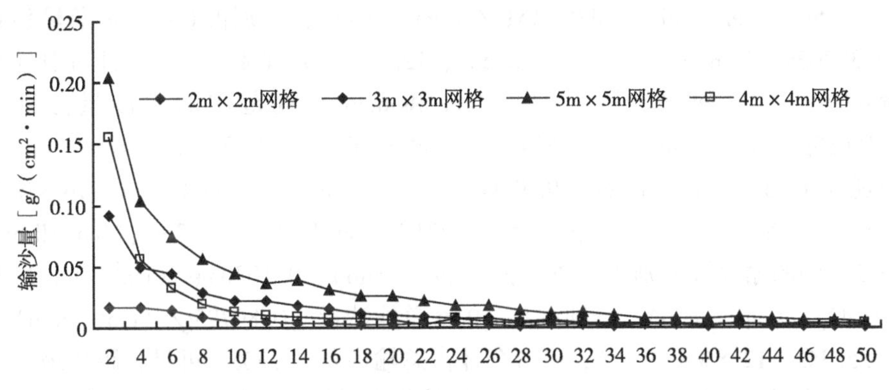

图 3-38　网格状纱网沙障输沙量变化特征

和带状沙障（图 3-37）相比，设置网格沙障后，输沙量随高度变化曲线更接近平滑，同样呈现出幂函数变化特征（表 3-13）。0~10cm 高度范围，2m、3m、4m、5m 网格沙障的输沙量分别比对照［0.8017g/（cm^2·min）］降低 92.1%、70.4%、65.3%和 39.9%，分别占 0~50cm 高度范围总输沙量的

54.6%、61.2%、59.6%和73.2%。同样，0~20cm高度范围，2m、3m、4m、5m网格沙障的输沙量分别比对照［0.92045g/（cm^2·min）］降低91.2%、65.6%、65.1%和30.5%，分别占0~50cm高度范围总输沙量的70.4%、81.8%、84.4%和79.2%。

表3-13 纱网沙障输沙量随高度变化拟合曲线

沙障规格	拟合曲线	R^2 值	沙障规格	拟合曲线	R^2 值
2m带状	$Y=32.774X^{-0.9451}$	0.9257	2m×2m网格	$Y=24.72X^{-0.8707}$	0.8757
3m带状	$Y=11.677X^{-0.9815}$	0.8657	3m×3m网格	$Y=140.73X^{-1.1921}$	0.9599
4m带状	$Y=4.4358X^{-0.2828}$	0.2667	4m×4m网格	$Y=106.85X^{-1.1715}$	0.9269
5m带状	$Y=42.729X^{-1.0135}$	0.9453	5m×5m网格	$Y=264.8X^{-1.1251}$	0.9705
无沙障对照	$Y=482.12X^{-1.4742}$	0.9765			

和对照相比，2m×2m网格沙障，2cm高度范围的输沙量为0.0173g/（cm^2·min），2~4cm高度范围为0.01655g/（cm^2·min），4~6cm高度范围为0.0145g/（cm^2·min），分别占0~50cm总输沙量［0.11525g/（cm^2·min）］的15.0%、14.4%和12.6%，三者合计占总输沙量42.0%。3m×3m网格沙障，2cm、4cm和6cm高度范围的输沙量分别为0.09115g/（cm^2·min）、0.04965g/（cm^2·min）和0.0451g/（cm^2·min），分别占0~50cm总输沙量［0.38765g/（cm^2·min）］的23.5%、12.8%和11.6%，三者合计占总输沙量47.9%。4m网格沙障，2cm、4cm和6cm高度范围的输沙量分别为0.15615g/（cm^2·min）、0.05645g/（cm^2·min）和0.0325g/（cm^2·min），分别占0~50cm总输沙量［0.37995g/（cm^2·min）］的41.1%、14.9%和8.6%，三者合计占总输沙量64.5%。同样，5m网格沙障，2cm、4cm和6cm高度范围的输沙量分别为0.2042g/（cm^2·min）、0.10305g/（cm^2·min）和0.0742g/（cm^2·min），分别占0~50cm总输沙量［0.80785g/（cm^2·min）］的25.3%、12.8%和9.2%，三者合计占总输沙量47.2%。可见，距离地表相同高度范围，随着沙障网格的加大，输沙量也增加，同时，拦截的沙物质的比例也在增加。张克存等认为下垫面性质通过影响风沙活动层气流的能量分布来改变风沙流结构。因此，和带状沙障相比，反映出网格沙障的输沙量明显偏高，尽管沙障材料相同。其原因可能和沙障设置在地表后的几何形状不同有关，加之纱网随风的摆动作用不同，风沙流中悬移的沙粒增加，并引起带状、网状沙障输沙量数值差异较大。

（5）纱网沙障对土壤种子库的拦截作用。直压立式PE纱网沙障对土壤种子库具有明显的拦截作用，且网格沙障对土壤种子库的拦截效果最好。4m×4m 网格沙障内平均每平方米种子数量为 547.2 粒，比 4m 带状沙障净增加 143 粒，比 6m 带状沙障净增加 288.9 粒。网格沙障内部空间方位影响土壤种子库的数量分布。沙障内西侧、南侧方位平均每平方米有种子数量 718.75 粒，沙障内东侧方位为 595.8 粒，沙障内中心、北侧方位为 325~375 粒。此外，由于沙障内不同位置对风蚀积沙、降低风速的消减作用差异，整片沙障的中段沙障部位拦截种子数量为 645.8 粒，而后段沙障拦截种子数量只有 154.2 粒。立地条件影响种子库的数量。沙化草地每平方米平均种子数量为 675 粒，比平缓风蚀坑内平均种子数量高 66.99%。

①不同规格沙障对土壤种子库变化影响。从表 3-14 中可以看出，纱网沙障规格、形状对沙障内土壤种子库具有明显的影响。其中，4m×4m 网格沙障内土壤种子库平均每平方米种子数量比 4m 带状沙障净增加 143 粒，比 6m 带状沙障净增加 288.9 粒，说明网格沙障更有利于拦截种子。

表 3-14　沙障规格对土壤种子库的影响

沙障规格	平均种子数量（粒/m^2）	平均植物种类（个）	全部样方内出现的植物种
4m×4m 网格沙障	547.2±60.8a	5.0	虫实、狗尾草、褐沙蒿、糙隐子草、马唐、败酱草、黄花蒿、扁蓄豆、尖头叶藜、反枝苋、叉分蓼
4m 带状沙障	404.2±42.5b	3.9	虫实、狗尾草、褐沙蒿、糙隐子草、马唐、唐松草、旋覆花
6m 带状沙障	258.3±26.9c	3.3	虫实、狗尾草、褐沙蒿、糙隐子草、马唐、唐松草

注：不同小写字母表示差异显著（$P<0.05$）。

从沙障内全部样方内出现的植物种的总数看，4m×4m 纱网沙障内有 10 种，分别为虫实（*Corispermum declinatum*）、狗尾草（*Setaria viridis* L.）、褐沙蒿（*Artemisia intramonglica*）、糙隐子草、马唐（*Digitaria sanguinalis* L.）、败酱草（*Patrinia rupestris* Pall.）、扁蓄豆（*Melissitus ruthenica*）、尖头叶藜（*Chenopodium acuminatum*）、反枝苋（*Amaranthus retroflexus*）和叉分蓼（*Polygonum divaricatum*）。而 4m 带状沙障为 7 种，具体包括虫实、狗尾草、褐沙蒿、糙隐子草、马唐、唐松草（*Thalictrum squrrosum*）、旋覆花（*Inula britanica* L.）；6m 带状沙障为 6 种，具体包括虫实、狗尾草、褐沙蒿、糙隐子草、马唐、唐松草。同样说明，4m×4m 纱网沙障有利于植物多样性的增加，对促进植被恢复效果明显。

②网格沙障内空间方位土壤种子库变化特征。从表 3-15 可以看出，4m×

4m网格沙障内不同位置土壤种子库存在明显的差异。在沙障内西侧（背风侧）、南侧（北侧积沙）属于沙障内的积沙区，在西、西北风的作用下有利于种子沙埋，土壤种子库数量也最大，每平方米平均有718.75粒种子，而在沙障内的东侧（迎风侧）虽然处于迎风一侧，但由于该区风蚀弱，且有轻度积沙，同样有利于拦截种子，每平方米平均有595.8粒种子，其土壤种子库数量比沙障内西侧（背风侧）、南侧（北侧积沙）积沙区平均土壤种子库数量减少了17.11%。然而，在沙障内中心、北侧（南侧风蚀）区域，在西、西北风的作用下，这两个区域则处于风蚀区，拦截种子的能力明显降低，土壤种子库数量比沙障内西侧（背风侧）、南侧（北侧积沙）积沙区平均土壤种子库数量减少51.30%。

表3-15　4m×4m网格沙障不同位置对土壤种子库的影响

沙障内取样方位	平均种子数量（粒/m^2）	平均植物种类（个）	全部样方内出现的植物种
沙障内西侧（背风侧）	720.8±60.8a	6.0	虫实、狗尾草、反枝苋、褐沙蒿、糙隐子草、马唐、尖头叶藜、败酱草
沙障内东侧（迎风侧）	595.8±42.1b	4.3	虫实、狗尾草、褐沙蒿、马唐、败酱草
沙障内中心（风蚀位置）	325.0±25.6c	4.7	虫实、狗尾草、褐沙蒿、马唐、败酱草
沙障内北侧（南侧风蚀）	375.0±40.8c	4.3	虫实、狗尾草、褐沙蒿、马唐、扁蓄豆
沙障内南侧（北侧积沙）	716.7±70.4a	5.0	虫实、褐沙蒿、马唐、败酱草、叉分蓼

注：相同小写字母表示差异不显著，不同小写字母表示差异显著（$P<0.05$）。

③带状沙障不同部位土壤种子库变化特征。由于网格沙障内不同部位因风蚀积沙作用的差异，影响了土壤种子库特征，铺设带状沙障后，其不同部位是否也存在土壤种子库的差异？为此，选择垂直主风向的4m带状沙障，顺主风向铺设宽20m、长度50m沙障样地，然后顺主风向划分前段沙障、中段沙障和后段沙障三个位置，取样测定了土壤种子库数量（表3-16）。结果表明，就整片沙障而言，在沙障的中段沙障部位更有利于拦截种子，土壤种子库数量为每平方米645.8粒，而后段沙障拦截的种子最少，土壤种子库数量为每平方米154.2粒，和中段沙障相比，后段沙障土壤种子库数量降低了76.12%。其原因，一是因前端的沙障降低了风速，不利于种子传播；二是种子在沙障间传播过程中，由于前端的沙障拦截作用，传播到后端沙障的种子数量本身就少，从

而导致整片沙障的后段沙障内土壤种子库数量最低。

表 3-16　4m 带状沙障不同部位对土壤种子库的影响

整片沙障前后部位	平均种子数量（粒/m^2）	平均植物种类（个）	全部样方内出现的植物种
前段沙障	412. 5±34. 5a	4. 3	虫实、狗尾草、褐沙蒿、马唐、败酱草、黄花蒿、唐松草
中段沙障	645. 8±60. 2b	4. 3	虫实、狗尾草、褐沙蒿、马唐、败酱草、黄花蒿、灰绿藜
后段沙障	154. 2±20. 5c	3. 0	虫实、褐沙蒿、马唐、黄花蒿、唐松草

注：不同小写字母表示差异显著（$P<0.05$）。

④不同立地类型沙地沙障内土壤种子库变化。从表 3-17 中看出，立地条件直接影响着土壤种子库和植物种类的变化。沙化草地，每平方米平均种子数量为 675 粒，比平缓风蚀坑内平均种子数量高 66. 99%。其原因是平缓风蚀坑属于流动沙地，且坑内风大，植被稀少，植物种子的总数本底就少。所以，沙障内土壤种子库数量也少。而沙化草地基本属于半固定沙地，土壤种子库数量较多是必然的结果。

表 3-17　不同立地类型沙地 4m 带状沙障内土壤种子库特征

立地条件	平均种子数量（粒/m^2）	平均植物种类（个）	全部样方内出现的植物种
沙化草地	675. 0±50. 2a	4. 0	虫实、狗尾草、褐沙蒿、黄花蒿、糙隐子草、马唐、败酱草、扁蓄豆、早熟禾
平缓风蚀坑内	404. 2±30. 9b	3. 8	虫实、狗尾草、褐沙蒿、糙隐子草、马唐、黄花蒿

注：不同小写字母表示差异显著（$P<0.05$）。

（6）纱网沙障促进植被恢复。纱网沙障设置区风蚀深度为 6. 52cm，对照区为 14. 24cm。不同规格的纱网沙障均在纱网两侧 5. 20～5. 50cm 范围内积沙 5. 42cm，而沙障前后 10cm 处平均风蚀 4～5cm，沙障间中心位置平均风蚀深度达 9. 53cm。沙障背风侧 30cm 范围内栽植杨树平均成活率为 95. 35%、黄柳为 96. 62%，且没有风蚀危害。纱网沙障设置 2 年后，草本植被盖度平均提高到 40%，风沙危害得到明显控制。

①纱网沙障减少风蚀效果明显. 纱网沙障设置区地表风蚀深度（6. 52cm）显著低于对照，比对照（14. 24cm）低 54. 23%。说明流动沙丘设置纱网沙障后，地表抗风蚀能力得到了显著提高。2m、4m、6m、8m 规格纱网沙障与对照地表风蚀深度相比差异显著，分别比对照的低 70. 47%、

48.71%、52.14%和45.59%。4种规格纱网沙障地表风蚀深度相比，2m规格纱网沙障最小，仅为4.21cm，4m、6m、8m规格纱网沙障无显著差异，地表风蚀深度均达到了6.50cm以上（图3-39）。

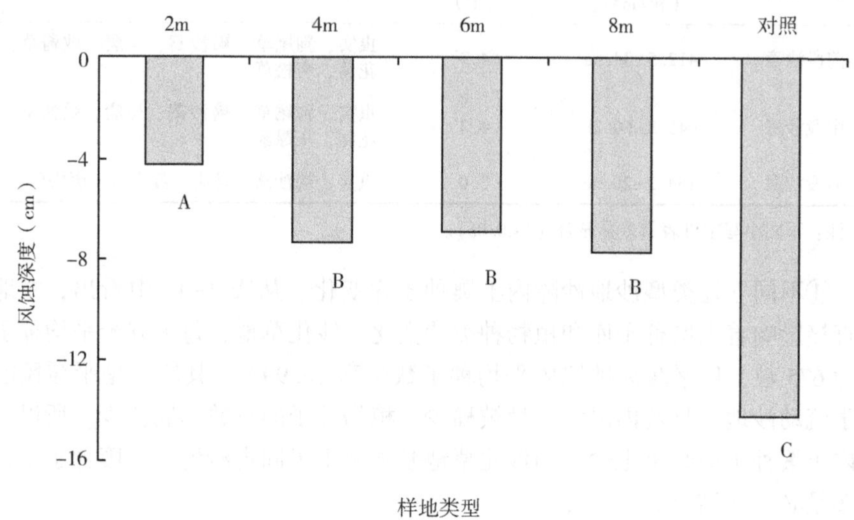

图3-39　不同规格纱网沙障与对照地表风蚀深度比较

纱网沙障设置后，其对整个设置区的地表风蚀起到一定控制作用，其在对地表气流产生一定的阻碍及扰动作用，进而削弱了近地表过境气流强度，同时，还有一部分气流受到其扰动而改变了运动方向，纱网沙障周围地表受到不同强度、不同方向气流作用，导致周围微地貌形态发生了变化。通过调查4种规格沙障不同位置单条纱网沙障带上、带前10cm、带后10cm及两带中心处地表风蚀深度，进而掌握了其周围风蚀沙埋特征（图3-40）。

在监测期内，单条纱网沙障周边4个位置，仅有在带上位置发生了沙埋，埋深达到了5.42cm。而在其他3个位置则处于风蚀状态，风蚀深度最大处出现在两带中心，平均风蚀深度达到了9.53cm，分别比带前、带后10cm处高80.44%和101.05%，在带后发生风蚀程度最小。

纱网沙障是条带规格，其在两带之间也会形成一个曲面，传统的草方格沙障，以及目前较常见的沙袋沙障在设置一段时间后，均会形成凹曲面。一般认为，新设置的沙障样地，经过几次大风吹蚀后，地表一定要发生形态变化，在沙障方格或带间形成平滑曲面后，整个沙障防护区才能达到稳定状态（孙显科，1999），如屈建军等研究认为不同规格方格沙障，不论其是何种材料，经过一定时间的蚀积作用，只有形成凹曲面，才能长期且稳定地起到防护作用

（图 3-41）。

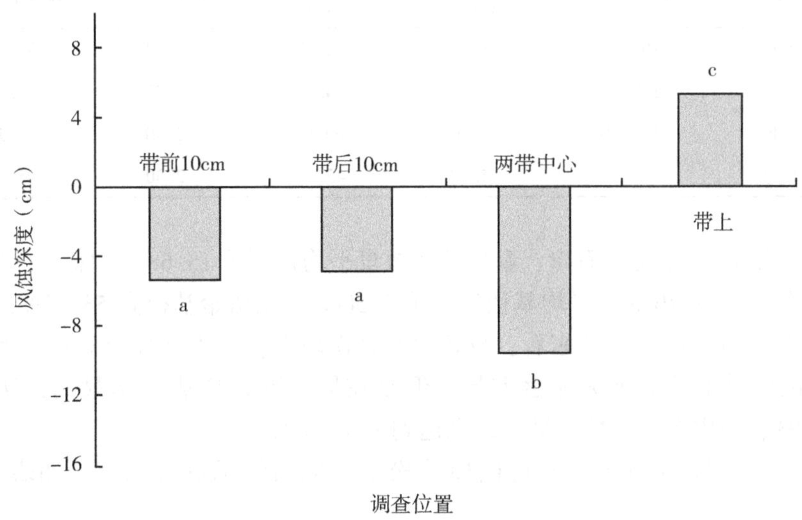

图 3-40 纱网沙障带上及周围地表风蚀深度

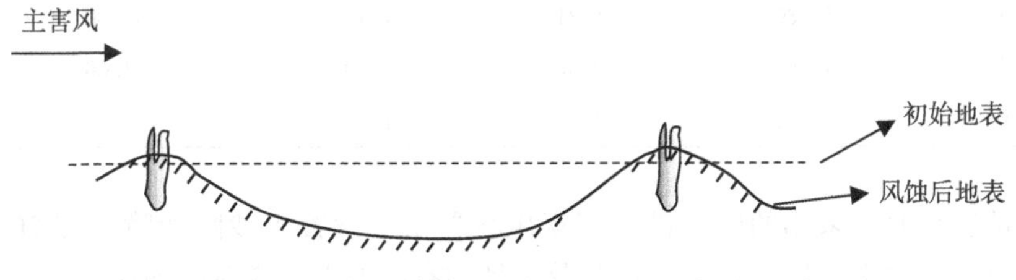

图 3-41 纱网沙障两带之间及周围地表形态变化特征

4 种规格纱网沙障均在带上有堆积发生，且堆积程度无显著差异，均在 5. 20～5. 50cm 范围内，这主要是受到纱网沙障初始裸露高度决定。4 种规格纱网沙障在 3 个位置处均发生风蚀，且均是在两带中心处发生的风蚀强度最大，而在带后 10cm 处风蚀强度最小，建议在背风侧进行造林。4 种规格纱网沙障两带中心处风蚀深度相比，4m、6m、8m 规格纱网沙障无显著差异，但是均显著高于 2m 规格，约高 125. 20%。除 2m 规格纱网沙障外，均是在带前 10cm 处风蚀深度高于带后 10cm 处，但是差异均不显著。

②纱网沙障对人工造林成活率的影响。对 3 个沙障+杨树（哲林 4 号，1 年生苗）样地内杨树生长成活情况进行调查，结果如表 3-18 所示。

表 3-18　迎风坡不同位置杨树生长成活情况

造林位置	高度（cm）	新生枝条（个）	枝条长度（cm）	基径（cm）	成活率（%）
坡上	108.38	18.88	22.58	2.28	92.36
坡中	117.00	11.17	44.86	2.22	95.41
坡下	152.50	17.00	60.83	2.40	98.28
平均	125.96	15.68	42.76	2.30	95.35

从表 3-18 中可以看出，新生枝条数量平均达到了 15.68 个/株，平均枝条长度达到了 42.76cm，平均基径达到了 2.30cm，比初始基径高 53.47%，成活率达到了 95.35%。总体来看，杨树生长情况较好。从不同部位对比来看，三个部位杨树生长情况无显著差异，但是在坡下部杨树成活率最高，达到了 98.28%，坡中次之，坡上最小，也达到了 92.36%。

对 3 个沙障+樟子松样地内樟子松生长成活情况进行调查，如表 3-19 所示。

表 3-19　迎风坡不同位置樟子松生长成活情况

位置	高度（cm）	冠幅（cm）	基径（cm）	成活率（%）
坡上	54.60	51.04	1.65	92.00
坡中	54.80	55.21	1.42	92.00
坡下	43.65	50.56	1.50	91.00
平均	51.02	52.27	1.52	91.67

植苗造林时，采用的樟子松为三年生容器苗，设置于纱网沙障后方 20cm 处，经过 2 年的生长后，高度、冠幅及基径均有所增大，成活率均达到 90%以上。不同部位樟子松生长情况相比无显著差异。

③纱网沙障对自然植被恢复的影响。从表 3-20 看出，在平缓沙丘设置 2m×2m 的纱网沙障，当年植被平均盖度达到 24.0%，植物种类主要有榆树、杨柴、沙米、禾草、雾冰黎、虫实、披碱草、狗尾草和苜蓿 9 种，植被平均高度 15.77cm，植被密度 18.33 株/m^2。在沙丘立地条件下，设置 3m×3m、3m×4m、3m×6m 等不同规格纱网沙障，也取得明显的固沙成效，当年植被平均盖度达到 15.0%～23.33%，植被平均高度 16.89～23.52cm，植被密度 13.33～27.33 株/m^2。特别是在平缓沙丘，设置 2m×2m 的纱网沙障，当年植被平均盖度达到 24.0%，植物种类主要有榆树、杨柴、沙米、禾草、雾冰黎、虫实、披碱草、狗尾草和苜蓿 9 种，植被平均高度 15.77cm，植被密度 18.33 株/m^2，

同时，沙障内处于弱的风蚀过程（风蚀深度-3.67cm）。

表 3-20　纱网沙障不同规格植被恢复成效

立地类型	沙障规格	植物种类	植被盖度（%）	平均高度（cm）	平均密度（株/m^2）	风蚀积沙状况（cm）
平缓沙丘	2m×2m	榆树、杨柴、沙米、禾草、雾冰黎、虫实、披碱草、狗尾草、苜蓿	24.00	15.77	18.33	-3.67
沙丘	3m×3m	狗尾草、沙米、虫实、雾冰黎、榆树、沙蒿、杨柴	15.0	16.87	27.33	-2.33
沙丘	3m×4m	沙米、沙蒿、虫实、禾草、沙芥	23.33	19.28	19.67	-9.50
沙丘	3m×4m	狗尾草、沙米、虫实、杨柴、马唐、雾冰黎、柠条	13.00	17.13	19.67	-4.88
平缓沙丘	4m×4m	虫实、沙蒿、沙米、苜蓿、狗尾草、榆树、杨柴、羊草、柠条、沙芥	13.43	11.1	38.22	-1.33
沙丘	3m×6m	狗尾草、沙米、禾草、沙蒿、虫实、柠条、榆树、猪毛菜	23.33	22.96	13.33	5.78
沙丘	3m×6m	狗尾草、沙米、禾草、柠条、马唐、刺黎	22.67	23.52	13.33	-5.50
丘间覆沙地	2m 带	杨柴、苜蓿、沙米、禾草、榆树、狗尾草、披碱草、沙蒿	6.67	14.02	14.33	8.67
丘间覆沙地	4m 带+黄柳	虫实、杨柴、沙米、狗尾草、马唐、柠条、雾冰黎、榆树、黄柳	14.00	16.06	18.67	黄柳高：230
覆沙草地	4m 带	虫实、榆树、沙米、雾冰黎、苦荬菜、拂子茅、沙蒿、狗尾草、披碱草、杨柴、柠条、黄柳、尖头叶黎	14.33	22.67	46.00	3.00
覆沙草地	6m 带	杨柴、沙米、虫实、雾冰黎、柠条、马唐、披碱草、狗尾草、沙蒿	44.33	24.09	46.33	1.58
平均值			19.45	18.49	25.02	-0.82

（7）纱网沙障高度参数优化。纱网沙障属于疏透型沙障，22 目（网孔 ϕ0.85~2.0mm，透风率大于 60%）的纱网具有很好的透风效果。与传统沙障相比，纱网沙障地上部分高度可为 15~20cm，沙障间空地风蚀凹曲面较小，

地表风蚀防护效果更佳。但是此高度的纱网沙障需要结合较高的褶皱率设置强度，即材料的褶皱越多，才能保证沙障在气流较大时保持直立。

①纱网沙障地表风蚀控制效果与造林部位确定。纱网沙障能够有效控制地表风蚀，但是在防护区内出现一定程度的凹曲面，曲面中心平均风蚀深度达到了 9.53cm，分别比带前、带后 10cm 处高 80.44%和 101.05%，在带后发生风蚀程度最小。建议在沙障设置完后就造林的，造林部位可选择在沙障背风侧 10~50cm 处，若在第二年造林，风蚀凹曲面已经形成，且稳定，可以选择在沙障两带或方格中心处造林。

②半干旱区沙地乔灌草植被营建技术模式。沙障设置，流动沙地坡度越大，沙障规格越小。坡度 0°~5°流动沙地，主风向一致，设置 2~4m 带状或 2m×2m~4m×4m 网格状沙障；坡度 6°~15°的流动沙地，设置 2m×2m~2m×3m 网格状沙障。沙障高度为地面以上 10~15cm。

在当年造林前或造林前 1 年秋季设置沙障，也可以在完成造林任务后设置沙障。设置部位：坡度 0°~5°的流动沙地，全部布设沙障；坡度 6°~15°流动沙地，迎风坡 2/3 及以下位置，沿等高线布设沙障。采用常规造林设计和方法进行造林。半干旱区乔木树种适宜樟子松、旱柳、榆树、杨树等；灌木树种适宜黄柳、杨柴等。乔木造林行距 4~6m，株距 2~4m。灌木造林行距 2~4m，株距 1.5~2.0m。裸根苗适宜春季造林，容器苗适宜春季或雨季造林。按照造林密度设计，将苗木栽植在纱网沙障背风侧 30~50cm 范围内。

纱网沙障能够有效降低风速为 26.7%~55.3%，地表粗糙度由 0.024cm 增加到 0.85~4.27cm，输沙量降低 65.3%~96.7%。沙障设置当年植被由 5%提高到 15%，第二年提高到 30%~45%。

九、直播造林技术

直播造林也叫播种造林，是造林的主要方法之一。它是将种子直接播种于造林地上，使其发芽、生长、成林的一种造林方法。

直播造林有很多优点：一是不需要在苗圃育苗；二是操作简便；三是造林费用较低；四是种子从发芽起就能适应造林地的环境，更符合树木生长的特性；五是根系发育匀称，尤其是旱生树种，直根发达，提高其抗旱性；六是造林速度快。

1. 细致整地

在北方地区直播造林前 1 年或在雨季前，都应细致整地。做到深翻、除草，以利土壤熟化、蓄水保墒，促进幼苗根系发育。整地的方法可因地制宜，缓坡采取反坡梯田为宜，坡度大的可修鱼鳞坑；平缓造林地，可采取机械翻耕带状整地等。鱼鳞坑整地应回填表土，坑深保持在10cm以下，以便播种。

2. 精选种子

直播造林的种子一定要选用发芽率高、发芽整齐的种子。因为造林地的自然环境比苗圃要差，在造林地上不易发芽。因此，一定要对直播造林的种子进行检验，选择发芽率和发芽势高的种子进行直播，以保证种子及时发芽出土。

3. 种子处理

直播造林的种子处理要因地、因时制宜，不要片面强调浸种。如当春季土壤干旱、墒情不好时，不宜强调浸种。如果把经过浸种处理即将发芽的种子播在土里，加上春旱，就会使种子变质，失去发芽能力。而没有浸种的种子直播，它可以度过旱季，待雨季来临时发芽出土。

但在土壤墒情好，或在雨季直播的种子可进行浸种处理，以利提早发芽出土。

4. 播种方法

直播造林可以采用穴播，穴播易于管理，而且种子成撮地发芽，易于顶出土面，在幼芽出土后，也有利于抵抗日灼、暴雨等不良环境因素。

5. 播种量

直播造林的每穴要播种足够的种子，以保证直播造林的成功。每穴究竟播多少，要根据种子的发芽等情况而定。大粒种子如山毛桃、山杏等每穴播2~3粒。播种量太大，不仅浪费种子，提高造林成本，而且影响幼树生长。

6. 覆土保墒

直播造林覆土厚度要合适。太厚了种子出不了土，太薄了，种子在干土层里不能发芽。通常，柠条等小粒种子，一般覆土厚度不要超过3cm，山毛桃等大粒种子，则可稍厚一些。

第三节　沙漠治理典型技术

一、流动沙丘分部位治理技术

控制流动沙丘的风蚀、沙埋是提高流动沙地固沙造林的关键，为此，按照沙丘高度和坡度的差异进行划区造林。即沙丘顶部到中上部保留原貌，不进行植被建设，而是利用沙丘的渗水、保水功能，作为沙丘中下部的水源补给区；沙丘中到下部的1/2处，重点进行造林活动，固定流沙。

1. 立地条件

流动、半固定沙地、丘间地，植被覆盖度小于10%。土壤为风沙土、覆沙草甸土。

2. 苗木规格

1~2cm 粗的插条，苗木高度 60~75cm，苗木等级 1~2 级。

3. 造林模式

造林整地：一是机械开沟整地，规格 70cm×40cm×40cm，机械开沟深度 60cm，宽 40cm；二是采取人工挖坑深栽、早栽措施进行，深栽挖坑深度 70cm。

造林时间：春季（3 月 20 日—4 月 5 日）。

树种选择：沙柳、杨柴。沙柳苗木规格为 1~2cm 粗的插条苗，插条长度 60~75cm，苗木等级 1~2 级。杨柴为 1 年生播种苗。

密度配置：造林密度为 1m×4m、0.5m×4m。或采用沙柳、杨柴混交林，混交配置为单行混交。

造林方式：人工挖坑栽植。

栽植措施：造林前苗木全株浸水 24~48h。栽植时铲除沙面干土，深挖，回填湿土，踩实，插条苗露出地面高度 5cm 左右。同时，在栽植行迎风面放置沙柳、玉米秸等平铺沙障，防止风蚀。在沙丘下部林带间，人工雨季撒播沙蒿、沙打旺等植物，提高防风固沙效果。

4. 效果评价

造林成活率 90%以上，当年沙柳高生长量 1.0~1.5m。局部地段出现风蚀。平缓或背风区沙埋，沙柳生长旺盛。造林后 8 年，沙柳高生长 220~300cm，杨柴高生长 110~140cm，流动沙丘植被盖度 40%以上，并形成生物结皮，平均盖度为 60%。

二、流动沙地水冲造林技术

在沙丘间地打小管井，几眼井并联组合，柴油机抽水，软管输水。软管一端安装控水铁管，并以水流为动力垂直冲入深沙层，同时人工将插条送到湿沙层，使插条与沙层紧密结合，确保成活率和保存率。该技术将一套设备安装 2 个高压冲枪，1 个冲枪由 2 人操作，实现了种植与浇灌两道工序合二为一，无须单独设置沙障保护苗木，苗木成活率达到 90%以上，保存率达到 80%以上。应用该项技术，平均每 30s 就可种植 1 株柳条，每人每天完成造林面积 8 亩以上，效率提高了 14 倍，节省劳力、降低造林成本。

三、错时造林技术

根据土壤水分运动规律和降水特点，提前或推迟造林时间，促进苗木生根，提高造林成活率。

1. 顶凌造林

（1）造林地准备。在造林前一年的夏秋季，进行鱼鳞坑水平沟整地，鱼鳞坑规格为长 1.2~1.5m，宽 0.7~0.8m，深 0.3m，沿等高线三角形配置，株行距为 2m×3m。

水平沟上口宽为 1m。下口宽为 0.5~0.6m。行距 6~8m。提前整地可以改善土壤结构，改善土壤水分状况达到蓄水保墒，缓解土壤水分，同时达到保持水土，便于造林施工，提高造林质量和造林成活率，促进林木生长的目的。

（2）造林时间。顶凌造林一般在 3 月下旬至 4 月上旬，在土壤解冻 25cm 后可满足苗木栽植深度时造林。

（3）苗木选择及苗木准备。造林选一级苗，起苗前 3d，苗圃地灌水一次，起苗时随起苗、随用苗地土打泥浆浸苗根，放入桶或箱中。在起苗、运输及造林中防止苗根风吹日晒，当时不种要及时假植。

（4）配套栽植技术。造林时把打泥浆的苗木放入水桶内，造一株取一株，采用三埋两踩一提苗或靠壁栽植及缝植等抗旱造林方法。

①三埋二踩一提苗法。将苗木放入栽植坑内，先填入 1/3 土踩实、提苗，再填土至苗木根部以上 1~8cm 处踩实，后表层覆一层湿土。

②靠壁栽植。把栽植坑一壁挖成垂直壁，苗木紧靠垂直面，填土时回填另一侧壁的湿土，这既扩大了栽植穴，又保证了湿土回填。

③栽植法。在土壤深厚的造林地上，用锹开成垂直窄缝，植入苗木，再从实际出发侧方挤压，使土壤与苗根密接，这种栽植法土壤结构不被破坏，水分损失少，有利于抗旱保墒。

2. 冬储苗造林

根据低温降低酶的活性，使植物体内的代谢减弱的原理，利用冬春季的自然低温贮藏苗木，人为地延迟苗木的萌生，延长造林时间，以保证造林成活。

（1）冬储苗优点。

①苗未经过冷藏，可延长造林时间，形成反季节造林。缓解了春耕春播与造林争劳力的矛盾，时间已接近雨季，有利于苗木生根发芽。

②苗木冷冻贮藏，可控制其发芽和生长，延长苗木休眠期，待降雨墒情较好后再进行造林，提高了造林成活率。

③利用冷冻贮藏方法进行抗旱造林，可节省其他抗旱造林过程中刨窝、拉水、浇灌等的工时与费用。

(2) 冷库储苗。

①苗束堆放成网格式，留纵横通道，一方面便于堆放、取用及检查时行走，另一方面便于通风。通道宽一般50~60㎝。

②苗束堆放不宜过高，以防止坍塌堵塞通道。堆高一般控制在1.5~1.8m，过低则苗木贮藏量减少，形成空间浪费。贮藏要自然堆放，严禁蹂踏。

③苗木冷冻贮藏的温度严格控制在1~4℃，这样苗木既不发芽生长，又不至于因表面棵根部分受冻而影响成活。

④贮藏的苗木应根部向内搭叠堆放，每单元堆长4m，自然呈长条状。

⑤苗木冷贮后，每隔5~7d喷洒一次水，增加冷库内的空气湿度，以防止苗木因失水而干枯死亡。洒水量要适度，一般表层苗木不干燥为宜。

⑥冷冻贮藏应在苗木束萌芽之前。贮藏时由于室内外温差较大，苗堆表面散热较快，而堆内苗木自热一时难以散尽，形成堆内外温度悬殊，核心部分容易发霉变质。最好在堆放后的3~5d内翻垛一次，以后还应定期检查，随时调节库内温度。

⑦冷冻贮藏办法只限于造林季节内干旱无雨时采用。

(3) 苗窖贮藏。

①苗窖准备。苗窖选在造林地附近，要求黏壤土，无盐碱，湿润庇荫，交通便利，窖的大小按贮苗数量而定，每窖贮苗3000~5000株。

②贮苗时间。秋季当树木落叶，进入休眠开始起苗、假植，气温达0~3℃时入窖贮藏，覆土埋实。

③苗木分级。入窖前要进行苗木分级，做到分级贮藏和分层贮藏。每层苗木厚度20~30cm，放一层苗覆一层土，苗木层数最多两层，放苗时，根部要对齐。土壤水分过低时可适量灌水。

④苗窖封顶。土壤封冻前用湿黏土封盖窖顶，厚度不小于60cm。第二年3—4月气温回升期间，随时检查，发现窖内温度高于5℃或窖顶覆土化冻，要在窖顶加土覆盖麦秸遮阳，以控制土壤温度。

⑤出窖造林。冬贮苗木可以贮到翌年5月15日左右，造林后要立即浇水。此项技术延长了造林时间，缓解了农林争劳矛盾，使成活率提高了20%~30%。

3. 覆盖造林技术

覆盖造林可以起到保温、增温的作用，可以减少树盘内杂草横生，同时避免杂草与苗木抢夺水分的现象。在干旱地区造林，有1/4~1/2水分消耗是通过土壤表面蒸发掉的，因此实施覆盖保墒措施极为重要。覆盖材料主要有地膜、草纤维膜、覆草和秸秆、土面增温剂等。

草纤维膜是采用麦秸、稻草和其他含纤维素的野生植物为主要原料生产的一种农用纤维膜。其性能接近聚乙烯地膜，同时能被土壤微生物降解，是一种很有希望取代聚乙烯地膜的无污染覆盖材料。

覆草和秸秆覆盖增产的机理在于覆盖后，土壤温度变化小，有利于根系生长，提高蒸腾效率，减少覆盖区内物种无效损耗，不论在丰水年还是少水年都有明显的保墒作用。但秸秆覆盖前期温度低，从而导致各生长发育阶段延迟，因此不宜全生育期覆盖。

土面增温剂是采用各类高分子化合物制成的乳剂，喷洒在土表，借助其成膜特性来抑制土面蒸发，提高温度，进而实现保墒节水，抗旱增产的目的。它具有改善气候环境、抑盐、抗风固土、防冻等多方面功能，是一项节水抗旱效益显著的实用技术。

(1) 地膜覆盖抗旱造林技术。在苗木定植浇水后，以树干为中心，修成1m见方，中间低，四周高的漏斗式树盘，然后将1m^{2}左右的地膜中间掏一个直径约10cm的进水透气孔，套过苗干，平铺到树盘上，膜面要拉紧平展，四周压土盖严，苗干周围再封土，以减少蒸发。雨季撤膜。

(2) 薄膜保墒法。在挖好的树坑中，先铺一层塑料薄膜，然后填土，再栽树苗，浇水后覆盖一层塑料膜，用土压实。栽后6~7d，再用脚踏实，使根系扎破塑料薄膜生长。这样操作，一桶水保二株苗成活，成活率可达95%以上。

(3) 枝条覆盖。苗木栽植后浇水，并将枝条均匀地铺在苗木栽植后的水平阶表面，其盖度以95%为合适。

(4) 秸秆覆盖。苗木栽植后浇水，并将秸秆均匀地铺在苗木栽植后的水平阶表面，并覆土2cm，以防被风吹散。

四、径流集水造林技术

1. 核心技术是集水整地

汇集径流整地就是按地形特征、降雨特征和径流运动规律，通过人工合理整地将有限的天然降水形成的地表径流最大限度地汇集起来，拦蓄在山坡上集中为林木利用。

其核心技术：一是根据不同树种和水分条件因地制宜构建微型集水系统和蓄水整地工程；二是采取防渗处理、地表覆盖等蓄水保墒节水措施；三是根据造林地立地条件选择适宜的抗旱造林树种和造林方式。

2. 适宜范围

主要适宜黄土丘陵区、土层深厚浅山区，草本植物覆盖度40%以下的宜林荒山荒坡。石质山地和风沙地不宜采用此方法。

3. 整地时间

整地必须在造林头一年的雨季前进行，即在4—5月第一场透雨后及时整地，降雨后土壤湿润，便于挖坑、做埂和整修集水面。这时整地后经夏、秋、冬季蓄水保墒，既能熟化土壤，又能使翌年春季植树坑内土壤含水量达到最高。通常，春季整地，休闲管理，第二年春季造林效果最好，雨季整地次之，秋季整地最差。

4. 整地方式及规格

首先根据当地年降水量、造林树种、造林地实际，因地制宜确定整地方式及集水区面积。一般为坑状和沟状整地。

沟状整地长度依地形和面积大小而定，沟间距一般为2.5~3.0m，沟宽、深各为0.6~0.8m，沟的上方坡面整修集水区。

坑状整地规格，一般长1.2~2.0m，宽和深各为0.6~0.8m；坑的上方坡面整修集水区。

集水区形状可铲修成扇形、长方形或倒三角形，两边修小引水沟，使径流沿引水沟流入坑内。

集水区面积根据降水量和造林树种而定，一般为6~20m^2。原则上集水区面积应随着降水量的减少而增大，即降水量越少，坑的数量越要少，同样的降水量，在营造经济林、用材林时集水面积要大，营造防护林，薪炭林时可稍小。

5. 整地方法

在坡面上整地，应从上到下沿等高线方向进行，先挖植树坑或沟，然后将上方集水区小坡面清除杂草，铲平砸实拍光（如果集水区植被较好，可不清除杂草，保留植被），坑在坡面上呈“品”字形排列。在平坦地搞汇集径流整地时，先确定坑的密度的集水区面积，然后挖坑，挖出的土在坑的周围筑修集水面，使集水区形成一定坡度，形成“锅底形”或“漏斗形”。整地时必须保证质量，达到一定规格，做到坑（沟）外沿踩实拍光，坑（沟）底翻松，表土必须回填20cm以上，切忌直接在生土层上造林。

6. 防渗处理及保墒措施

整修后的集水区必须进行砸实拍光处理，降雨时可有效地减少水分入渗量而使坡面产生径流，植树坑中土壤含水量较高；自然坡面，表层土壤比较疏松，土壤入渗量大，在小雨时，坡面形不成径流或径流量较小。因此，集水区修好后，有条件的，还应进行防渗处理，铺塑料薄膜等，这样效果最好，植树坑中土壤含水量最高。

据观测，5—10 月 6 个月共降雨 256mm，塑料面集水区每平方米集水 176. 9kg，集水率为降水量的 69. 1%；铲去草皮的集水区每平方米集水 12. 5kg，集水率为降水量的 4. 9%；保持自然坡面的集水区每平方米集水 8. 91kg，集水率为降水量的 3. 5%。

集水区防渗处理后，为减少干旱季节植树坑内土壤水分蒸发，造林的当年雨季过后应采用麦草、植物秸秆等材料将植树坑进行覆盖保墒处理，防止水分蒸发，起到保温、保湿作用从而保证苗木成活和正常生长。

7. 抗旱树种选择及造林技术

整地后，根据造林地条件选择适宜的抗旱造林树种，做到适地适树，同时要乔灌草相结合，多营造混交林。一般在干旱的阳坡、半阳坡以柠条、锦鸡儿、柽柳等树种为主。在阴坡、半阴坡以青杨、山杏、云杉、沙枣、油松、沙棘、白榆等树种为主。

造林方式以植苗造林为主，灌木及针叶树种最好用容器苗造林，有条件的地方，应积极采用 ABT 生根粉，吸水剂等对苗木进行浸泡和泥浆蘸根处理，这样更能提高造林成效。

8. 注意的几个问题

一是整地方式要因地制宜，根据造林地条件，提前做好整地造林作业设计，科学合理地组织实施。

二是严格按设计要求施工，保证整地质量，以延长整地作用和效果。

三是整地时间要及时，最好在雨季刚开始就进行，最迟不能错过雨季，否则达不到预期效果。

四是细致整地必须与良种壮苗、精细种植、树种选择、造林季节的确定等一系列环节紧密衔接，严防苗木失水。

五是汇集雨水与保墒相结合，全面考虑，综合配套；同时，造林后的抚育管理绝不能忽视，必须要有专人管护，定期检查。

五、柠条雨季覆膜直播造林

柠条从播种、发芽、出土后幼苗生长期里若连续干旱无降雨达 10d 以上，就会造成柠条的“闪芽”和“吊死，而采用雨季覆膜直播造林可以取得预期效果。

1. 整地

造林前一年或当年雨季前进行整地。整地方式可以根据地形条件分别采取条状和穴状整地。

行带式设计，种植行宽条 1.5~2m，带间距 8~10m。可以采用条状整地。在直播种植行用犁耕翻，整地深度 25~30cm，并保留 8~10 带宽不进行整地。穴状整地规格 0.5m×0.3m×0.2m，“品”字形配置，并回填表土 10cm。

2. 种子处理

选择种子饱满，发芽率 85%以上种子直播造林，造林前用水浸泡种子 12h，或用稀土、生根粉等浸泡种子 12h。

3. 播种覆膜造林

在春季—雨季间，只要下一场透雨就可以直接覆膜播种。具体操作是：下透雨后，在预先规划好的造林地上，用农用小四轮牵引玉米覆膜机和点播机一次完成覆膜和播种覆膜要求铺平铺直，拉紧压实两边。播种时将玉米点播机上的 5 个播种孔，去掉 3 个，留 2 个，一膜播种两行。每穴播种 8~10 粒，亩用籽量为 250g 左右。播种后每隔 5~8m，压一土带，以免大风揭膜。

4. 特点

可以提前播种，延长生长期，生长量大，提高了柠条的成活率和保存率；由于地膜的保湿作用，根系生长快提高了柠条幼苗的抗旱能力；使用的设备均为广大农民群众所熟悉的农用机械，操作技术简单，便于推广。

六、梭梭固沙造林技术

1. 林地选择

梭梭最适宜在湖盆边缘地下水较高而盐渍化较低的沙地、沙壤地或固定、半固定沙丘间薄沙地。在地下水位很高或低洼潮湿的下潮地、盐渍化非常严重的盐碱地以及流动沙丘的背风坡不宜作造林地。

在固定半固定沙丘上造林，可不设置沙障等保护措施直接造林。在流动沙丘上造林应根据沙丘链形成特点，循序渐进，逐年完成，切不可大面积造林，应选择背风坡底部、迎风坡中下部造林。造林密度以 2m×1m、2m×2m 为宜。第 2 年根据成活情况，采取相应措施（建沙障等）逐步扩大种植区域，在沙丘链凹低处造林，应设置 2~3 行带状沙障或局部压草进行保护。

2. 造林时间

分春季造林和秋季造林。春季造林于 3 月上旬至 4 月上旬进行，抓住春季土壤墒情好、蒸发慢的有利时机造林，越早越好。秋季造林在10月下旬至11月下旬进行造林。

3. 造林方法

（1）流动沙丘造林。春栽梭梭种植传统方法采用穴植，挖坑植苗浇水。如果在流动沙丘上造林（表层干沙在10cm以上），劳动强度大、工效低。因此，流沙区栽培梭梭等灌木采用“苗随水走”的方法，可有效解决沙漠干沙流动给治沙造林带来的困难。

该技术方法使用2寸[①]消防软管，前端变4通，4根6分软管同时作业。配套动力是扬程15m以上离心泵，柴油机做动力，有电源的地方配电泵。水源以每400m打2寸小塑管井两眼组合使用，地下水位高的地方挖坑取水均可，种植时用水冲击沙地，打出供梭梭苗木栽植的孔洞栽植苗木。免去了人工挖树坑的繁重劳力，并且因为树坑较小，冲入的水即可保证苗木生长。同时充分利用沙漠环境条件形成规范化操作栽培模式。种植时，每一根消防管为一个作业组，一个作业组由3~4根分管、6~8人组成。一人持分管用水的动力打孔，一人植苗，一个工作日可种植苗木3000~4000株。在春季土壤墒情好、干沙层浅的地区，抓住有利时机利用保水剂法栽培，梭梭成活率也较高，栽苗时挖坑深度根据苗木大小而定（一般种植深度是苗木的1/2），将蘸有保水剂的苗木植入踩实即可。

秋栽与春栽只是种植时间不同而已，秋栽技术参照春栽进行，秋栽劳动力资源容易解决，避开春季造林用人高峰期，造林任务大的采用秋季造林延长了造林时间，而且比4月后栽培的苗生长量大。

（2）平缓沙地或沙丘迎风坡造林。在平缓沙地或沙丘迎风坡造林可以采用梭梭单管井坐水栽植技术，具体技术措施如下。

栽植时间：风沙危害较小的平缓沙荒地在4月初即可栽植，沙丘迎风坡受风沙危害较大，利用冷库苗可以推迟到6月中旬栽植。

苗木的准备和处理：苗木规格：梭梭地径0.5cm以上，苗高25cm以上的合格苗。为提高成活率，栽植前用清水浸泡24h，然后用ABT生根粉兑成泥浆蘸根，并在栽前进行修根，修剪以露出白色新鲜切面为宜。

打井：栽前在造林地上先打一眼单管井，进行水质检测，待确定水质没问题后方可进行大面积打井、造林。单眼井配置简单，每10眼井配备离心泵一台，6马力柴油机一台，水管200m即可。每眼井可控制造林地100亩左右。

栽植方法：采用坐水栽植，栽时先用铁锹铲开干沙至湿沙层，形成直径

① 1寸约为3.33cm，全书同。

40cm、深 10~15cm 的浅坑，在坑内浇足水，待水完全渗下去以后，用锹别开深 25cm 左右的细缝放入苗条，然后浇透水即可。

抚育管理：造林后要进行禁牧，防止人畜破坏，同时根据实际情况在 6—7 月浇水 2~3 次，以确保造林成活率。

补植：梭梭补植以容器苗为主。梭梭容器育苗的苗木可选用等外苗，就是在冷库苗出窖栽植时，进行苗木分级，将不合格的幼小苗木挑出修根、打头后装入容器袋进行育苗，在 5 月中下旬移栽。7 月底至 8 月底进行梭梭容器苗补植造林。

（3）流动沙丘迎风坡造林。在流动沙丘迎风坡 1/3 处以及半固定沙丘地表干沙层较厚（40cm）的地段，采用单管井、组合井高压水打孔造林技术，具体措施如下。

打井：在造林地上先打一眼单管井，进行水质检测。待确定水质没问题后方可进行大面积打井、造林。造林地面积在1000亩以下，打单管井即可（一眼单管井控制面积 100 亩）。造林地面积在1000亩以上，可打组合井（一个组合井控制面积1000亩）。

设备配备：单管井使用 6 马力以上柴油机，组合井使用 18 马力以上柴油机，并配备相应水泵、水管。

栽植技术：采用插条造林，插条选择 1~2 年生健壮枝条，条长 80cm 以上，适宜树种为沙柳、黄柳、杨柴等。注意插条保湿，尽可能随采随造。造林时间春季、秋季均可。栽植株行距 2m×3m，每亩造林株数 111 株，每穴用插穗两根，需插穗 222 根。利用水管冲孔的办法进行栽植，即可利用配套组合井，在水管的出水口处连接一段长 1m 左右，直径 3. 3cm 的空心硬管（塑料管或铁管），利用水的压力进行冲孔（孔的直径达 8cm 左右，深度随插穗的长度而定），浇透底水，同时起到挖坑的作用。打孔深度 80cm 左右，将插条放入孔内，插条要插到孔底（以防吊死插条），再在插条周围浇水，使沙与插条充分接触（即用水冲沙）。

管护：造林后要进行禁牧，防止人畜破坏。同时做好病虫害及鼠、兔害防治。根据实际情况在 6—7 月浇水 1~2 次，用管直接注水以确保造林成活率。

七、梭梭接种肉苁蓉技术

1. 肉苁蓉种子采集

肉苁蓉一般于每年 4 月初至 5 月初出土，出土后在阳光的刺激下迅速开花，花序为无限花序，中下部的花序先开，上部的花序后开，待顶部花序完全开放未凋谢、蒴果由黄棕色变为褐色、蒴果未开裂前（6 月初），用透气布袋将整株花序套住，将袋口绑紧，防止蒴果开裂种子被风吹走，6月中旬至7月初将肉苁蓉整株挖出，采挖肉苁蓉不能用铁器，用木质利器或竹片距肉苁蓉吸盘处2~3cm切下，将整株放于通风、光照充足的室内进行后熟，晾干后在室内脱粒，将含有杂质的种子放在纸上轻轻簸动，种子就会先落下，将颗粒饱满的种子装入布袋或纸袋中，放于阴凉通风处保存。

2. 种子处理

肉苁蓉播种前对种子进行处理有消毒、杀菌、促进萌发和提高接种率的作用。方法很多，效果不一，各地应按具体情况选用。

（1）热水处理。肉苁蓉种子放在50℃热水中浸泡，待水温降至室温后捞出，均匀平铺在垫有潮湿滤纸的培养皿中，在4℃低温条件下放置15d，然后接种。

（2）低温沙藏处理。将肉苁蓉种子均匀埋在装有含水10%左右湿沙的容器中，在温度4℃条件下沙藏30d后接种，对打破种子休眠、促进种子萌发、提高寄生率有一定的促进作用。

（3）激素处理。将肉苁蓉种子置于0.5g/mL的赤霉素溶液中浸泡10d后捞出，均匀平铺于垫有湿润滤纸的培养皿中，在4℃低温条件下放置15~20d后接种。

（4）药剂处理。播种前用1~3g/L高锰酸钾溶液浸种20~30min，捞出后与沙土混合拌匀接种。

（5）诱导剂处理。肉苁蓉的种子应采用粒大、饱满、褐色有光泽的种子，成熟不好的种子不能使用，对多年采收的种子在进行种子处理时应进行种子活力测试才可使用。肉苁蓉种子纸制作及“诱导剂”配比技术含量高，各种营养物质的配合比较精确，一般种植户不易做到。目前，栽培上使用“诱导剂”制成的肉苁蓉种子纸，是由内蒙古梭梭肉苁蓉研究所提供。

（6）层积沙藏处理。选择种子粒径≥0.5mm、粒大、饱满、有光泽、成熟度好的肉苁蓉的种子。将肉苁蓉种子层积打破休眠，层积方法为：将肉苁蓉种子与80%含水量的湿沙混匀后装在透气布袋中，然后将布袋于上一年11月埋于地面冻土层以下，翌年3月取出。

（7）生根粉处理。生根粉有刺激种子萌发和刺激梭梭生根两个方面的作用。采用500mg/L ABT（3）号生根粉或500mg/L萘乙酸浸泡60min。

3. 肉苁蓉接种方法

梭梭寄主选择：肉苁蓉种植时间较长，从4—9月之前均可种植。通常，梭梭寄主年限选择2~4年生及以上树龄的壮年梭梭作肉苁蓉的寄主，梭梭小苗定植时也可种植肉苁蓉，但产量较低。

接种穴数：经研究发现，单株接种穴数的多少对梭梭地上部分生长有很大的影响。单株梭梭接种肉苁蓉 3 穴及 3 穴以上时，梭梭枝条会出现枯黄现象，新梢生长缓慢，长势逐渐衰弱。从保护梭梭、发展肉苁蓉产业的长远利益出发，合理的单株接种穴数为 1~2 穴。

肉苁蓉接种方法有开沟撒播法、挖穴接种法、接种纸接种法、水钻法、破皮法、断根法、营养诱导法等，前三种接种方法利用了植物根系的趋水趋肥性，成功、定向地诱导了梭梭根系的生长方向，明显提高了肉苁蓉的接种成功概率。而且接种起来省时、省力，极易操作，容易被接种人员接受，是生产上最佳接种方法。

(1) 开沟撒播法。

开沟：根据不同株数开挖长短不同的深沟，开沟统一在梭梭根部西侧 40~50cm 处，沟深 60~80cm，沟宽 30~35cm。

拌种：用器皿将种子与湿度适宜的沙子按 1：250 左右的比例充分搅拌均匀待用。

撒种：将拌好的种子均匀地撒在开沟沙堆的垄上，向里的一面。

刨种：将撒有种子的沙堆分三步由里向外刨入沟内，拌有种子的沙子在沟里的厚度达 30cm 左右，使种子在沟内立体均匀分布。

浇水：将沟内带种干沙充分浇透、浇足。

覆土：将沟外剩余的干沙再埋入沟中，距离开挖地面 3~5cm 即可，使地表形成浅坑，有利于下次浇水和囤积雨水，便于提高苁蓉接种成活率。

(2) 挖穴接种法。该方法操作简单，方便易行，用种量少，劳动强度小，成本低，易推广，无论在地势起伏较大的流动沙丘和半固定沙丘梭梭林，还是带状及零散人工林以及野生林均能适用。具体方法：选择两年生以上的健壮梭梭苗，在距梭梭主干 40cm 处挖 60~80cm 深的接种穴，一般健壮梭梭每株挖两穴，左右对称并方位基本一致，便于管理、调查和采挖。在挖好的穴内施入适量腐熟的有机肥，用 10~20cm 厚沙子覆盖肥料，然后将混沙种子与穴口沙土混合，手工施入穴内，混沙种子层厚度不得少于 10cm，播种量控制在每亩 10~15g。种子混沙调配、灌水、回填和保墒规程同开沟法。

(3) 接种纸接种法。接种纸接种法是一种专门用于接种寄生植物种子的特殊方法，在试验中易于控制种子用量和位置，是十分有效的方法。具体做法：将常用纸张（如包装纸）裁制成一定规格（30cm×10cm）的载体纸，用透气性好的软纸（如卫生纸）做成相同规格的盖面纸。肉苁蓉种子经 50℃、1h 热处理备用。用配制的培养基物质加植物激素与黏性泥土混合并加水，使泥液有一定黏性。用毛刷蘸泥液将载体纸刷湿。然后，将肉苁蓉种子均匀撒在载体纸上（平均3500粒/m^2），迅速将盖面纸与载体纸压紧，放置于干燥处，晾干，叠放整齐。一定要轻拿轻放，千万不可折叠或揉搓，以防种子掉落。接种时将纸带垂直种在寄主根旁 50~70cm 不等的深度盖纸面向上，每米需用接种纸 3~4 张，覆土。然后每穴灌水 10~15kg，待完全渗入后做好标记，覆土踩实。这样做的好处：一是种子平铺在种子纸上与根的相对面积很大，接触的机会较多；二是梭梭根的向肥性会使其伸向带有有机肥和微量元素的种子纸，增加了肉苁蓉寄生的机会。

（4）水钻接种法。用特制高压水钻在距离梭梭 0.5m 处进行开穴，平均每分钟可开两个，穴深及穴数可人为控制，根据实际情况而定，穴深不超过 0.8m。在穴内，施入适量腐熟的有机肥，用 15~20cm 沙子覆盖肥料。然后，将混沙种子或接种纸手工施入穴内，灌足水，一般不少于 10~15kg，待完全渗入后做好标记，覆土踩实。

（5）破皮接种法。在接种穴内选择 0.4cm 以上毛根，划破韧皮部将处理过的种子 10~20 粒黏附在韧皮划破部，然后喷洒 50mg/L 浓度的 ABT 生根剂或1000mg/L乙酰水杨酸溶液处理毛根及周围沙土，然后将 1kg 腐肥与沙土混合均匀后回填至坑口 10cm 左右，每穴灌水 10~15kg，待完全渗入后做好标记，覆土踩实。

（6）断根接种法。在接种穴内找到粗度在 1cm 左右毛根，将根切断，用 100mg/L 浓度的 ABT 生根剂水溶液处理断根及周围须根、沙土，将处理好的种子 40~60 粒均匀撒在断根处，然后灌水将 1kg 腐肥与沙土混合均匀后回填至距离坑口 10cm 左右，每穴灌水 10~15kg，带完全渗入后做好标记，覆土踩实。

（7）营养诱导法。在接种沟后面 0.2~0.3m 处，挖诱导沟（距寄主 0.6~0.7m），沟长、沟宽、沟深与接种沟相同，用1000mg/L乙酰水杨酸水溶液等营养诱导物质拌和泥土制作直径 10cm、厚 2~3cm 的接种盘，上覆沙土后置于接种坑内梭梭根系分布密集处，用 50mg/L 浓度的 ABT 生根剂、ABT（3）号生根粉水溶液喷洒毛根及周围沙土，然后将 1kg 腐熟肥与沙土混合均匀后回填至距坑口 10cm 左右，每穴灌水 10~15kg，只是埋土至沟口时留下 5~8cm 深度，以便形成积水空间，增加土壤湿度，诱导梭梭根系向诱导沟方向生长。使更多的梭梭根系穿过接种沟，增加了梭梭根系与肉苁蓉种子的接触机会。

（8）无性繁殖法。肉苁蓉的无性繁殖法又称为分枝诱导法，收获肉苁蓉时，在肉苁蓉与梭梭根连接处留下 5~10cm 长的肉质茎。这个残留肉质茎的上部鳞叶内能发生不定芽，不定芽继续长成肉苁蓉。顶端优势是这一栽培方法的理论基础。当肉苁蓉茎的顶端被去除后，顶端优势消失，随后，残留肉质茎的上部鳞叶内的分生组织，受顶端优势消失的刺激，而发育为不定芽原基，逐渐长成从而提高肉苁蓉的寄生率，待完全渗入后做好标记，覆土踩实。

（9）机械播种法。深松犁距梭梭 40~50cm 开播种沟，沟宽 20~30cm，沟深 50~80cm。用分层播种器将肉苁蓉种子播至 50~80cm 深，播种量为 375~495g/hm^2。覆土并留深 10~20cm 灌水沟，灌水量为 75t/hm^2，待水渗完后将灌水沟覆土填平。

（10）机械打坑接种法。采用机引旋转式打坑机在梭梭两侧，距植株 30~50cm 处（根系分布区）进行打坑，深度 40~60cm；其次是将 5g 肉苁蓉种子与约 10kg 湿润细沙混合均匀，将混匀的种子均匀地撒在旋出的沙面上；再次是分层式填土，使种子在垂直方向上均匀分布；使其填入的沙土距地表 30cm 左右并踩实，最后浇水（关键），待水完全渗透后，覆土踩实，做好标记。回填时不宜填满，沙土距地表 5~10cm 为宜，以便浇灌和存储雨水。若有条件可沟底覆盖腐熟羊粪与沙土（按 4∶6 的比例配制）的营养土 3~5cm，这样更利于接种。

八、沙冬青造林技术

沙冬青（*Ammopiptanthus mongolicus*），又称蒙古沙冬青、蒙古黄花木，是古老的第三纪残遗种，也是中国西北荒漠地区唯一的超旱生常绿阔叶灌木树种，是我国三级保护的珍稀濒危保护植物。集抗旱、抗高温、抗冻、耐盐碱、耐腐蚀等多种抗逆性于一身，对高温、严寒、霜冻、风蚀沙埋具有特殊的忍耐力，适生于固定沙地、沙质和石质山坡，它在中国荒漠生态系统恢复与重建中起着非常重要的作用。

沙冬青天然更新能力差，其繁殖方式主要是种子繁殖，无性繁殖困难，插条难以生根，实生沙冬青苗木根系再生能力很差，致使沙冬青人工造林极为困难，成活率很低。因此，沙冬青多采用容器苗造林。如果用裸根苗造林，则需要采取相应的处理措施。

1. 容器苗造林

沙冬青天然分布区地形复杂，主要分布在山前、冲积洪积砾石质准平原、沙砾质硬梁、石质山地、侵蚀沟沿、基岩裸露的低山石缝、固定半固定沙地以及干旱的黄土丘陵顶等。因此，沙冬青人工造林，要选择荒漠区适生地土壤，通常选择黄土、黄漠土、灰钙土、淡灰钙土，风沙土类固定沙丘的丘间低地和平铺沙地造林，不适合在半固定沙丘和流动沙丘上造林。

容器苗规格选用 1 年生沙冬青营养袋幼苗 2~10 片真叶期定植造林，造林密度 4m×2m，并根据造林地土壤墒情，要浇定根水 5kg/穴。造林时间春季或雨季。

造林时注意问题：沙冬青幼苗根系最大特点是"白、嫩、细、脆"，稍一碰触即断。大苗根系再生能力极低，移栽伤根就极难成活。所以，造林时不损伤沙冬青根系是人工造林成功的前提条件。营养袋培育1年生沙冬青幼苗，可以基本上避免苗木出圃时挖苗、运输、定植等劳动环节对根系的损伤。

培育营养袋苗木，要选用黏性果园壤土作为营养土，不用松散沙性土，以免出圃移动营养袋（杯）时沙土散落，伤及"白、嫩、细、脆"的幼根，并对营养土和种子消毒；出圃前宜控水，以求营养土相对坚硬，防止散土伤根。

要抓住1年生沙冬青营养袋幼苗2~10片真叶期定植造林。多于10片真叶，根系开始穿透营养袋，出圃造林时移动伤根，即影响造林成活率。

根据造林地土壤墒情，要浇定根水5kg/穴。若能抓住>20mm连阴雨天气定植营养袋苗，人工造林即可获得成功。

要选择符合沙冬青适生的土壤，选择粗骨灰钙土、荒地淡灰钙土、灰钙土或覆沙灰钙土，不要在流动沙丘和半流动沙丘造林。

2. 直播造林

沙冬青移植育苗不易存活，如果采用雨季直播造林的形式进行栽培。播种前将选好的种子先经过浸种处理，之后进行消毒，且能够快速发芽，出苗整齐，适于栽植，为沙冬青的直播造林提供了有利条件。

造林前还要将地块深翻，蓄水保墒，直播造林可在春季直播，也可以在雨季抢播，一般要以土壤湿润的程度而定。雨季后期较好，由于雨季气温低，蒸发量减少，墒情好，幼苗不致旱死，比早播的成效显著。直播造林播种沟大约以35粒/m种子为最佳，如穴播造林，则每穴大约以8粒种子为宜，覆土厚度2cm左右。播种后最好用锯末等加以覆盖，这样既起到了保湿，减少水分蒸发的效果，又减免雨水冲刷的危害，提高了种子的发芽率。

九、沙地微生物修复技术

微生物作为生态系统物质和能量循环的驱动力和重要参与者，在沙地生态系统功能恢复中发挥重要的作用。土壤微生物群落主要包括细菌、真菌和放线菌，其数量和多样性可以反映土壤生态系统的稳定性。微生物不仅在土壤养分积累、循环以及凋落物分解等方面发挥重要作用，还能促进沙生植被建植和生长、改善沙质土壤的团聚体结构等。

1. 微生物诱导碳酸钙沉淀技术

（1）MICP技术简介。微生物诱导碳酸钙沉淀（Microbial Induced Calcite

Precipitation，MICP）技术是一种采用微生物技术来提高或改变矿物性质的技术。主要步骤为：将菌种发酵液置于固化材料中，经过一定时间的培养后，再将低浓度的 $CaCl_2$ 溶液加入，促进微生物吸附，最后放入胶凝液（尿素与 $CaCl_2$ 的混合液）。其反应原理为：式（3-1）中，细菌产生的酶将尿素分解并产生 CO_3^{2-}；式（3-2）中 CO_3^{2-} 遇到 Ca^{2+} 产生 $CaCO_3$ 沉淀。

$$NH_2-CO-NH_2+2H_2O \xrightarrow{\text{嗜碱菌产生的脲酶}} 2NH_4^++CO_3^{2-} \quad (3-1)$$

$$Ca^{2+}+CO_3^{2-} \longrightarrow CaCO_3 \downarrow \quad (3-2)$$

（2）治沙方法。

埋线：预先在固化范围内合适深度的沙中埋置横穿固体方格的绳索，绳索应具有一定弹性。这一布置是为了方便麦草秸秆等植物的铺设与固定，防止其在大风下被吹走。

堆沙成障及布管：将平坦的沙面按一定长宽划分成格，格边界上形成宽高各约 10cm 的沙垄；在沙垄上部一定距离布置主管道，主管道设计有支管，负责菌液与胶凝液的排出。

滴入菌液及胶凝液：首先从管道中向沙土中滴入菌液，待菌液有一定深度后，滴入胶凝液。根据菌液的活性以及胶凝液中钙离子的消耗情况按一定周期再添加胶凝液及菌液。停止加液一段时间后，水汽被蒸发，沙垄及其下部沙固结到一定强度，形成具有一定深度和高度的碳酸钙胶结的固体沙障。

铺设废弃的麦草秸秆：将麦草、秸秆等植物铺在方格内未固结处，用预先埋置的绳索进行固定（绳索已与固化格固结，不易被扯出）。

种植植物：格内沙的性质改善后，种植合适的植物，利用植物及微生物对沙土进行彻底的改善。

固化格的退化：植物长势并不能抵御强风时，需重新滴入菌液与胶凝液对固化格进行再加固。而当长势到了一定程度，植物自身有了抵御风沙的能力，此后停止再加固，沙障在植物根劈等各种作用下逐渐退化。

（3）优点与局限。草方格沙障实施方便，但易受风的干扰，方格损坏后的更换也显得较为麻烦，将其与微生物岩土技术结合起来则有如下优点。一是高出平面 10cm 的固体沙障结合了草方格的优点，使近地表变得粗糙，降低风速，固体沙障对风的抵抗更强，加之绳索的固定，内部的植物不再受风的制约。二是在沙障内部横铺了各种废弃草与秸秆，截留水分的能力较之草方格沙障更强，加速了植物腐烂产生腐殖质改良沙土性质。三是硬绳索被固定在了沙垄内部，不易被风拔出，因此绳索可重复利用，方便了内部植物腐烂后的更换。四是种植的植物生长至能独自抵御风沙的时间周期较长，若固体沙障强度随时间降低，可以在固体沙障上部重新布管滴入菌液及胶凝液对格构进行加固，即该方法具有可重复性。五是微生物诱导碳酸盐沉积技术形成碳酸钙胶结的固体沙障所经历的硬化周期短，产脲酶菌、尿素与氯化钙作为原料来源广泛且成本低廉，同时原料及产物都不会对环境造成大的伤害，整个方法流程经济且环保。

受方法的限制，在沙障固结硬化前，不能有大雨及大风天气破坏沙垄；反应过程会产生少量氨气，不过该反应只在固体沙障一定深宽范围内进行，对大气环境影响不大；由于胶凝液中含有 $CaCl_2$，沙障中残余的 Cl^- 可能会影响到格内的沙土性质，因此，在种植植物时优先选用耐氯植物。

2. 膨润土和微生物菌剂技术

（1）材料制备。膨润土含蒙脱石 85%，有机碳 1.78g/kg，全氮 0.23g/kg，全磷 0.46g/kg，碱解氮 5.63mg/kg，有效磷 5.15mg/kg，pH 值为 7.80 左右，白度 90，密度 1.60g/cm^3，表观密度 96，硬度 1，膨胀倍数 160，表观黏度 1700，阳离子交换量 180cmol/kg。微生物菌剂由枯草芽孢杆菌、巨大芽孢杆菌和胶质芽孢杆菌组成，活菌含量为 2×10^{10} CFU/g。淋溶试验材料包括尿素（CH_4N_2O）、磷酸钾（KH_2PO_4）、尼龙网（300 目）、石英砂（6~8 目）、稀盐酸、凡士林、0.45μm 水系滤膜。

（2）施用技术。将紫穗槐生物质还田至毛乌素沙地，还田量为 1.50kg/m^2；在还田基础上设置膨润土和微生物菌剂处理。分别为空白对照（CK）、0.5%膨润土（A）、1%膨润土（B）、3%膨润土（C）、菌剂单施（ZJ）、0.5%膨润土+菌剂（AJ）、1%膨润土+菌剂（BJ）和 3%膨润土+菌剂（CJ）。膨润土添加量（仅为 0~20cm 土层）分别为每平方米添加 1.60kg 记为 0.5%、添加 3.20kg 记为 1%、添加 9.60kg 记为 3%。菌剂添加量为 50g/m^2。

（3）对沙地土壤性质的影响。如图 3-42，与膨润土单施模式相比，膨润土配施微生物菌剂模式在实验前期可以显著降低土壤 pH 值，其中 ZJ、AJ、BJ 三个处理 pH 值下降至 7.62 左右，CJ 处理 pH 值下降至 7.76 左右。土壤阳离子交换量的大小基本代表了土壤可能保持的养分数量，试验前期膨润土处理比空白对照显著提高；试验后期菌剂与膨润土配合施用显著提高了土壤阳离子交换量。土壤有机碳与土壤物理、化学、生物等许多特征都有直接或间接的关系。在膨润土和菌剂配施的前期效果较为明显，两者配施均较单施膨润土显著提高，而在后期效果不明显。从图 3-42 中可以看出，菌剂配施膨润土较膨润土单施的土壤铵态氮并无显著提高，而在后期，BJ 的铵态氮含量显著高于 B 处理，说明 1%膨润土+菌剂的效果对于土壤铵态氮积累的作用效果较好。土壤硝态氮在前期的含量均相对较低，后期明显提升；前期添加菌剂对于土壤硝态氮的积累无显著影响，而后期 3%膨润土+菌剂处理较 3%膨润土处理显著提高。从图 3-42 中可以看出，在前期 3%膨润土+菌剂的处理有效磷积累显著提升，而在后期添加仅添加 0.5%和 1%膨润土的处理显著高于同时添加菌剂的处理，而仅添加菌剂的处理较空白对照显著提升。说明添加膨润土可显著改善沙地土壤养分含量，而同时配施菌剂可显著提高沙地的阳离子交换量和有机碳的积累。

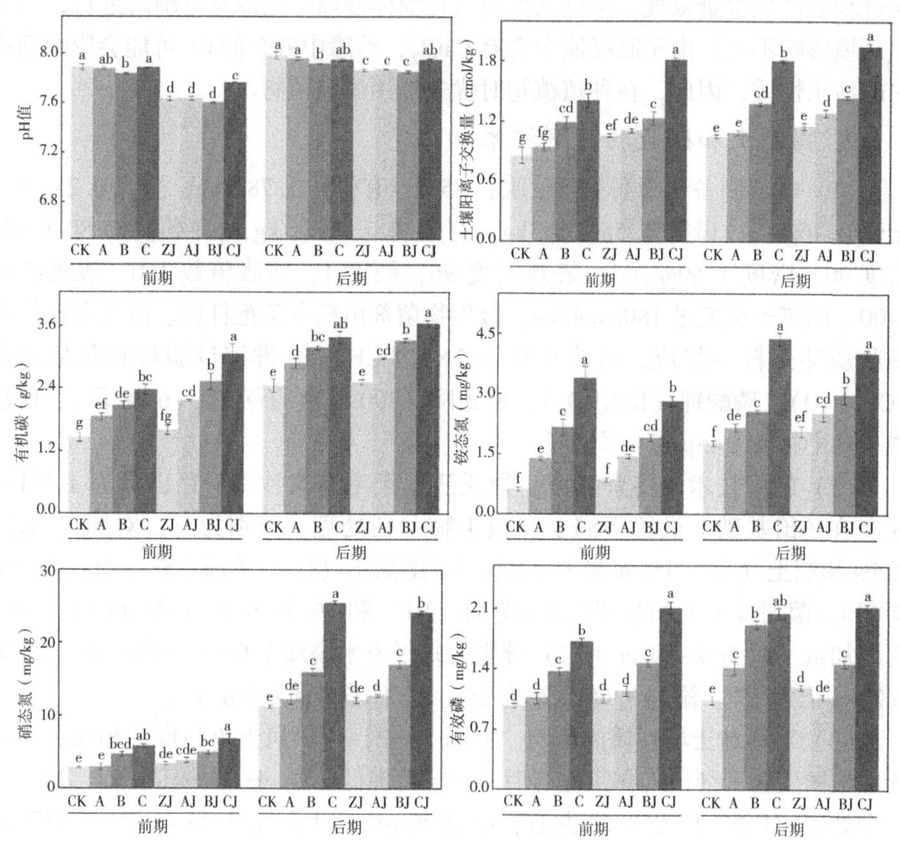

图 3-42 不同处理土壤性质变化

3. 生物质固体废弃物微生物发酵利用技术

（1）固废物分解菌的富集筛选。以羧甲基纤维素钠为富集培养基，将收集的枯落物、农田土壤、草地土壤、秸秆和畜禽粪便等加入培养基中培养。培养 30d 后采用梯度稀释法对培养液进行稀释后，吸取 100μL 涂布于新配置的羧甲基纤维素钠固体培养基中，采用四区划线法进行分离纯化。将纯化后的分解菌采用 NDS（中性洗涤可溶物）法进行纤维素分解酶活力的测定，并对酶活力较高的细菌进行 16S rRNA 基因鉴定，明确其种属分类地位。通过菌种鉴定分离获得 3 株具有较高酶活力的细菌，分别为产木聚糖酶菌、产漆酶菌以及降解木质素菌（图 3-43）。

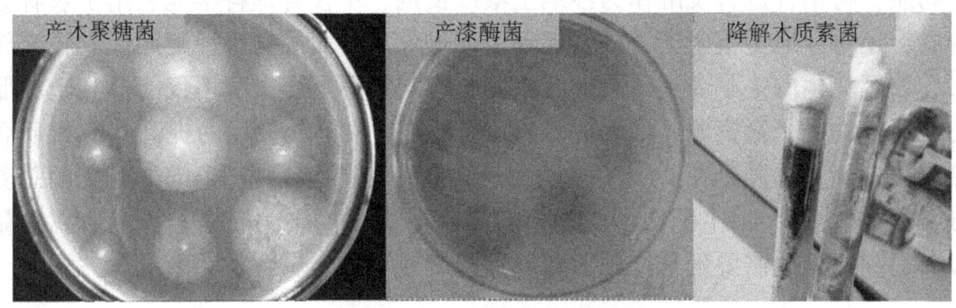

图 3-43 固废物分解菌

（2）固废物发酵技术。将秸秆等固废物进行粉碎预处理并按 4：1 重量比与牛羊粪便进行混合发酵。以有机物降解率为评价指标进行三因素正交试验，三因素分别为配比、含水率和翻堆次数；配比为菌种添加配比，分别为 0.025mL/g、0.030mL/g、0.035mL/g；含水率分别为 50%、60%和 70%；翻堆频率分别为 1d/次、3d/次和 5d/次。

经过 30d 和 60d 的发酵，对风干样品进行 pH 值、有机质、重金属（镉、铅、铬）以及总养分含量（N、P_2O_5、K_2O）的测定。同时对鲜样进行有效活菌数（CFU）、粪大肠菌群数、蛔虫卵死亡率、水分以及种子发芽率的测定，种子发芽率（GI）可以确定秸秆的腐熟程度。

（3）堆肥方案。通过有机质降解率测定发现菌种添加量为 0.030mL/g、初始含水量为 60%、翻堆频率为 5d/次为最佳堆肥方案，记为 A2B2C3。通过堆肥天数的对比（表 3-21）发现，发酵 30d 后 pH 值、有机质含量、总养分、镉、铅、铬的含量接近行标值，而发酵 60d 后可达到行业标准要求。说明堆肥 60d 可大幅提高发酵物的养分含量，同时降低重金属含量。

表 3-21 不同堆肥天数腐熟度及达标情况对比

堆肥天数	pH 值	有机质（g/kg）	总养分（g/kg）	铬（mg/kg）	镉（mg/kg）	铅（mg/kg）
30d	8.42a	368.1254b	40.0325a	0.98a	2.11a	5.22a
60d	7.74a	440.8569a	54.5487a	0.08b	2.09a	2.03b
行业标准（NY 525，NY 884）	5.5~8.5	≥450	≥50	≤150	≤3	≤50
牛粪（对照）	7.46b	134.5180b	10.5382b	0.00	3.69a	0.64a
羊粪（对照）	8.25a	367.3280a	36.0737a	0.00	1.05b	0.75a

（4）辅料配比。秸秆是农业种植过程中产生的大量废弃物，其富含糖类等物质，将秸秆进行发酵作为沙地土壤改良剂，不仅合理科学地利用了农林废弃物，还对沙地土壤生产力提升起到了促进作用。而毛乌素沙地地处农牧交错带，牧区产生的牛羊粪是天然的有机肥料，与秸秆配比发酵不仅能提高土壤肥力，还节约了肥料资源。如表3-22所示，随着牛羊粪占比的提高，有机质含量显著提高；总养分在4：4中显著高于其他处理，而4：3和4：2配比的总养分含量显著高于4：1配比；此外，随着牛羊粪添加比例的提升，重金属含量显著提高，因此需要延长堆肥天数以保证肥效和重金属含量的降低。

表3-22　辅料配比分析

配比（秸秆：牛羊粪）	pH值	有机质（g/kg）	总养分（g/kg）	铬（mg/kg）	镉（mg/kg）	铅（mg/kg）
4：1	7.78a	259.79d	31.2356c	0.00d	1.15c	1.74d
4：2	7.75a	296.65c	44.5789b	0.07c	2.02b	2.17c
4：3	7.69a	396.78b	45.6987b	0.71b	3.33a	4.04b
4：4	8.12a	469.56a	55.5429a	1.33a	3.67a	5.31a

（5）技术要点及注意事项。

①发酵过程中保证秸秆吸足水分，并且堆肥水分含量控制60%左右。

②加入适量牛羊粪或者氮肥，以保证合适的碳氮比。

③发酵过程中菌群接种量为0.03mL/g，且均匀洒在秸秆中，并保证3~5d翻堆1次，确保发酵过程中通气。

④堆体发酵过程中为保证水分和养分的留存，需要在外层进行封堆。若寒冷季节发酵可在外层加盖塑料薄膜达到增温效果。

第四章　沙漠沙地治理典型模式

第一节　沙地治理典型模式

一、沙地生物经济圈模式

生物经济圈综合治理模式是在沙区以户或联户或村为单元，选择适宜的地块，充分利用当地的土地、水、热资源，实行水、草、林、机、粮（料）五配套措施，进行综合治理与开发的治沙模式。该模式可以实现以小规模开发换取大面积生态保护与建设的效果。小面积的开发可以获得经济效益，满足农牧户生产生活需要，改善和提高农牧民的生活水平；小面积开发区之外，进行大范围的治理与保护，获得良好的生态效益，最终实现人与自然的和谐相处及资源的永续利用。

1. 地块选择

选择地下水位较高、地下水丰富，沙化危害较小，易于治理，通过改良适宜于农作物、牧草、药材以及乔灌木树种生长的具有一定规模的丘间低地或平缓沙地。

2. 生物经济圈设计

（1）核心区。面积一般在 $2hm^2$ 以上，主要功能是为农户提供居住场所、粮食、燃料、饲料和肥料，区内建设内容主要是住房、修棚舍、平地、水井、建基本农田、集约养畜，种植粮经作物、栽果、种草、搞多种经营等。

（2）保护区。在核心区四周划定保护区，面积一般是核心区的 1~4 倍。主要功能是对核心区进行保护，并为牲畜提供冬春补饲的饲草料。建设内容主要是封育、补播灌草、栽植乔灌木。保护区四周建设乔灌结合的防护林带，林带外侧设置围栏，确保生物圈免遭人畜危害。一般标准生物圈农田面积占 30%~50%，林地包括防护林网面积占 20%~25%，封育、种草等牧业用地面积占25%~50%。

(3) 生物圈防护林营造。在保护区外围营造闭合防护林带。防护林营造要适地适树，采取乔、灌木带状混交，密度适宜，形成疏透结构防护林网。

3. 模式成效

生物圈模式可以使沙区中的农户周边形成绿洲，户户相连构成绿洲网，可以有效控制土地沙化，保护和恢复植被，改善生态环境；生物圈内农林牧生产采取集约化经营，使生物圈经营收益增多。一般的建圈户1~2年即可收回投资，3~5年即可致富。

二、沙地草库伦模式

草库伦模式是20世纪50年代在毛乌素沙地腹部的乌审旗乌审召镇乌审召嘎查牧民通过实践而总结一种治沙用沙生产模式。当时，乌审召人以大寨为榜样，提出了向沙漠要草、要水、要树、要料、要畜的口号，掀起了以治沙为主攻方向，以草库伦为主要内容的草原建设新高潮，从实际出发通过开发治理取得了显著的经济、生态和社会效益同时探索出一套适合风沙区牧区的治理开发模式，开创了人进沙退、改造自然的壮举。

1. 网围封育禁牧休牧

采取网围封育禁牧休牧是过度放牧导致退化的草原自然复壮的根本性措施是风沙区牧区生态自我修复的关键。牧民根据其承包的草场类型、质量及载畜量的多少，将草场划分为若干个小草库伦进行围栏，实行分区治理、轮封轮牧，并选择好的地块每户建一处6~7hm^{2}的饲草料基地。其中，种植饲草料和青贮玉米3~4hm^2，优质牧草2hm^2，粮食、蔬菜和经济林果药材1~3hm^2。同步实现电、井、地、机、林、路、渠七配套。草场全部实现网围化，实行三季放牧，合理利用草场资源。每户年存栏细毛羊200只以上。其中基础母畜所占比例在70%以上，适龄母畜比例在55%以上，后备母畜比例达到15%，年末出栏育肥羊在100只以上。

2. 飞机播种造林种草

为解决风沙区牧区地多、劳力少与治理任务大的矛盾，开展了飞机播种造林，使流沙得到固定。飞播地点一般选择在年降水量350mm左右的流动、半流动沙丘地，丘间低地占的比例应在15%以下。飞播灌木和草主要有杨柴、花棒、籽蒿、沙打旺、草木樨、沙米等。其中，草木樨和沙打旺是改善植物群落结构的植物，而沙米是用来保护其他植物生长的植物，籽蒿既是其他植物的保护者，又是治沙的先锋植物种。杨柴、花棒是飞播的目的树种和飞播长期效益的主要体现者。播种量一般为 6kg/hm^2 杨柴（花棒）、籽蒿（沙米）、沙打旺、草木樨的混播比例为 4：2：2：2。

3. 联户连片开发治理

根据乌审旗地域大、人口密度小、牧户居住分散、农业基础薄弱的实际，按照统一规划、统一开发、分户经营、分户受益的办法，组织项目区群众集中人、财、物共同完成一家一户难以完成的治理任务，实行大面积联户连片开发治理。在坚持“以电启动以水引路电、井、地、机、林、路、渠配套建设”的原则下，大力发展小片水浇地和经济林。通过联户连片开发治理既加快了治理进度又能形成规模便于统一经营管理和发挥整体防护效益是风沙区值得推广的一种好的治理开发形式。

三、行带式固沙造林模式

固沙造林面临的最大问题是沙的流动性（风蚀沙埋）和水分亏缺，因此，固沙造林时，造林密度大，因为水分不足而导致树木死亡，但是，如果造林密度低，又不能很好地控制沙的流动性，因严重的风蚀影响树木生长。所以，科技人员在充分调查、深入研究风沙移动规律、植物固沙原理和沙丘水分平衡的基础上，采取小株行距、大间距造林配置，既解决了固沙造林控制风蚀的问题，又减少了固沙林对水分的消耗。

沙区水分是限制植物生长的重要因素，而风蚀沙害又是影响植物固沙成效的关键因素。所以，建立科学合理的固沙造林配置模式，既要考虑区域水资源的承载力，又要考虑风蚀沙害的有效控制问题。所以从 20 世纪 90 年代，内蒙古林业科学研究院就开始关注固沙造林的合理配置问题。

1992 年内蒙古林业科学研究院在科尔沁左翼中旗东苏林场就提出采用“两行一带”造林配置模式，在单株林木营养面积不变的前提下，缩小株行距为 2m×2m，两行一带，带间距 16～24m，带间进行间作，树种为白城 41 号杂交杨，机械开沟，沟深 45cm，上口宽 80～100cm。然后在坑内挖坑，坑深 50cm，直径 60cm，栽植时坑内用表层熟土植苗，踏实，造林成活率达 95%以上。

这种造林配置使林地间作面积提高 5.8%，间作时间由 2～3 年延长到 12 年，造林成活率提高到 95%以上，3 年生林木平均胸径 4.59cm。每公顷蓄积量达到 2.13m^3，分别比片林高约 0.49cm 和 0.375m^3。为了进一步说明“两行一带”造林配置的优势，对 1978 年营造的片林中间的防火隔离带两边的两个边行的杨树的生长状况进行了调查。结果表明造林 16 年后边行树木的平均胸径可达 21.2cm，公顷蓄积量可达 413.983m^3，分别比片林内的平均胸径

(17.3cm) 和公顷蓄积量 ($275.67m^3$) 高 3.9cm 和 $138.313m^3$，效益非常显著。本项研究被列入“八五”国家重点科技攻关林业项目重大成果。

同时，1985—1998 年，敖汉旗在采伐迹地和宜林荒地条件下，采用大小垄配置造林，开展“两行一带”造林配置的应用实践。造林株距 2~3m，小行距 4~5m，大行距（带宽）8~12m。造林树种为赤峰 26 号或 34 号杨，并采用系列抗旱造林技术措施。每株杨树营养面积 $15\sim20m^2$，年平均胸径生长量 1cm 以上。按照 15 年采伐期计算，树木径生长量比等距造林提高 20%，单位蓄积量增加 50%以上。

1996—2000 年，内蒙古林业科学研究院在赤峰城郊林场北山作业区，同样采用“两行一带”造林配置模式改造杨树低产林，造林设计采取两行一带造林设计，株行距为 2m×2m 或 3m×3m，带宽为 10m、15m、20m 和 30m；采用抗旱造林系列技术，用开沟犁开沟，沟深 40~50cm，沟底宽 20~30cm，沟内挖坑，规格为 60cm×60cm×60cm。旱作造林采用截干技术，二年生苗木截干后苗木高度 80~100cm（包括根系）。一般情况开沟、挖坑、栽植同时进行。栽植时采用扩穴回填湿土，分层踩实，并在苗木周围培保湿堆，高 20~30cm。

选用赤峰杨 36，以二根一干苗木，地径 2~3cm，或一根一干苗木，地径 1.5cm 左右。造林前苗木全株浸泡 24h。一年生苗木栽植后进行截干，地面截干高 20~30cm，并培土，保留 2cm（表 4-1）。

表 4-1　抗旱造林配套技术效果

树种	苗木规格	造林时间（年）	保存率（%）	1998 年生长量		2001 年生长量		2008 年生长量	
				树高（m）	胸径（cm）	树高（m）	胸径（cm）	树高（m）	胸径（cm）
赤峰杨 36	一根一干	1997	95	2.68	4.50	4.9	7.2	11.5	15.0
	一根一干	1998	98	1.16	1.17	4.0	3.4	10.0	14.0
	二根一干	1998	98	1.65	1.95	4.9	5.1	11.5	16.5

采用本项抗旱造林系列技术，造林成活率一般为 95%以上，做到一次成林。而且，从杨树生长量变化看，造林后 10 年，平均树高达到 10m 以上，平均胸径 14cm 以上，取得明显效果，并在相同立地条件下，能够实现改造杨树低产林的目的。同时，采用农林复合经营中，对林地土壤都有良好的改善作用。豆科作物种植一般以改善土壤速效性氮和有机质而降低磷的含量为特征；西瓜种植以改善土壤中速效性氮、磷和有机质含量为特征，尤以改善土壤中的速效性磷最为显著；谷类种植则能全面地改善土壤的养分状况，但其改善的幅度不足豆科作物和西瓜种植区。因此，只要合理地进行轮作，采取西瓜-豆

科-谷类或西瓜-谷类-豆科等循环种植，对改善低产林地土壤的养分条件，促进树木生长具有良好的作用。

其间，内蒙古林业科学研究院和中国林业科学研究院的科技人员，从沙地水分消长过程中，确定了影响灌（乔）木生长的“临界水阈”，分析了林地水量动态及其收支分配状况，确定我国干旱、半干旱区固沙造林中适地适树、密度、配置和适宜覆盖度等问题，并通过对造林配置的界面效益、乔灌木造林不同配置方式的风场效应、风洞试验效果等方面的系统研究，从理论上确定了沙地人工林行带式配置技术模式的科学性。

研究结果显示的主要树种的水分利用带为：杨树 9~10m，旱柳 6~8m，柠条 5~6m，沙蒿 2~3m。依据植物对水分利用的特点，认为行带式配置是比较好的配置形式，并体现了边行效应和生态学的界面效应，行带间可形成边行水分主要利用带和带间中央的降水渗漏补给带，林木生长使得沙面稳定并形成小气候，为草本植被及微生物自然修复提供了良好空间，形成良好的乔灌混交结构和林草垂直结构。

如果从有利于带间植被与土壤修复出发，灌木固沙林配置模式的带间距为 12~28m，半灌木固沙林为 6~12m，阔叶乔木固沙林为 15~36m，针叶乔木固沙林为 15~40m。在这一带间距下，带间植被和土壤的修复速度可加快 2~5 倍。同时，低覆盖度治沙可使固沙林降水入渗量增加 5%~10%，水分利用率提高 10%~18%，生物生产量提高 8%~30%。

四、流动沙区道路分割治沙模式

在沙漠资源观的指导下，人到哪里，路就到哪里，防沙治沙工程建设同时跟进到哪里，或者说防沙治沙建设工程跟着实际需要推进，而不是为治沙而治沙，实现资源利用前提下的治沙观念，既解决了沙区交通、社会经济发展、生态环境治理、物质运输等问题，又形成了若干个沙漠“绿色生态岛”，同时在公路两侧通过综合的沙地治理措施控制风沙危害，实现人进沙退的目标，体现了资源保护利用优先，需求决定出路，“利用防治相结合”的新观念。

1. 模式原理

按照因地制宜，因害设防的原则，并根据公路沿线各地段自然环境条件及沙害特征，确定以灌为主，乔、灌、草结合建立绿色生态带的基本思路。在以中高沙丘为主的地段以飞播为主要手段，快速恢复植被；在以高大沙丘为主的地段先在沙丘迎风坡设沙障，采取固身削顶的办法依靠风力拉平沙丘，待沙丘高度降低变平后再进行飞播或人工造林。

2. 技术与方法

(1) 公路两侧防护带宽度的确定。在高大沙丘地段及中高沙丘地段的沙丘上，防护林带宽度为上风向 300m，下风向 200m；丘间低地较广阔的中高沙丘地段及河谷低地，林带宽度从 80~200m 不等。

(2) 机械沙障设置技术。沙障材料有沙柳、麦草、糜草、玉米秆、葵花秆、蒲草等。沙障类型有高立式沙障、半隐蔽式沙障、平铺式沙障、格状沙障、带状沙障等。格状沙障规格有 1m×2m、2m×2. 5m。高立式带状沙柳沙障设置在格状沙障的外侧，障高 2~3m，障间距 20~40m，上风向设 5~6 带，下风向设 3~4 带，目的是阻止外围流沙入侵格状沙障。

3. 封育

封育宽度为公路两侧各 1000m。外围设网围栏。

4. 高大流动沙丘植苗造林

在沙障保护区内，依据不同的立地类型，分别选择不同的植树造林。在地下水位 2~3m、又无盐碱的丘间地上，以杨树、旱柳高秆造林为主。丘间低地以杨柴、花棒、紫穗槐、沙拐枣等灌木造林为主。在地下水埋深大于 3~4m 的沙丘区均不适宜选择阔叶乔木造林。

5. 飞机播种造林种草

飞播植物以柠条、籽蒿、杨柴、沙打旺为佳。比例 2：2：2：1，飞播量 7kg/hm^2。飞播季节以 5 月下旬至 6 月中旬为宜。同时设置机械沙障可以提高飞播成苗率，封育也是提高保苗率的重要措施。

6. 活沙障建植技术

选择地势平坦的河谷低地或地下水位较高，起伏较小的沙丘迎风坡中下部，开挖 50~60cm 深的沟，沟中植入沙柳条，条长 60~100cm，紧密排列，待沙柳成活后形成活沙障。

五、沙地近自然造林固沙模式

所谓近自然造林固沙是针对单纯人工植苗造林建立固沙植被而言，突出的是选择乡土植物种进行直播造林和造林地块的随机性，同时不是采用规范的造林株行距，强调自然恢复和人工促进相结合的固沙植被恢复模式。以生态学局部地形对植物生长具有一定的影响理论为基础，以恢复稳定的植物群落结构为目标，在沙丘不同的部位人工栽植（种）不同的乔、灌、草植物，最终达到植物群落相对稳定内部结构的近自然林模式。所以，近自然林使地区群落主要的本源树种得到明显表现，使林分的建立、抚育管理措施以及采伐的方式方法同潜在的天然森林植被的自然关系相接近，使林分能进行接近自然生态的自发生产，达到森林植物群落的动态平衡，并在人工辅助下使天然植物得到了恢复。

1. 起伏较大半固定沙地近自然林治理模式

（1）造林整地。造林前一年的秋季穴状整地，整地穴直径 70～80cm，深 35～55cm，位置选择在植被少，土壤比较疏松的地段。

（2）树种配置。在禁垦禁牧区封沙育林育草的基础上，以沙化退化前的群落组成为参考，在植被自然恢复的基础上，采用人工补植补播方法造林种草，恢复和建设森林草原植被。在树种选择上，应乔、灌、草结合，针阔搭配。沙丘顶部栽种锦鸡儿、胡枝子、蒙古羊柴等，苗龄为 2～3 年生，丘坡（沙丘中部）栽植樟子松、山杏、五角枫、桑树、榆树等，樟子松最好选用 2～3 年生容器袋苗，山杏、五角枫、桑树、榆树等选用 1～2 年生苗，丘间低地栽植杨树、柳树或育草，杨树和柳树选用一年生一级苗。造林时不规则配置种植点，保留原生植被。

（3）苗木栽植。根据造林地原生植被的实际情况，确定造林密度，一般情况下，灌木每亩栽植 50 株左右，乔木每亩栽植 30 株左右。栽植前，将苗木用清水浸泡 24h 以上，并将苗木根系修剪好。苗木栽后立即浇透水，也可在雨季播种锦鸡儿、蒙古羊柴等灌木。

2. 流动沙丘近自然林治理模式

（1）树种配置。设置沙障后，沙障内人工栽植以乡土树种为主的乔灌木，灌木以黄柳、蒙古羊柴、柠条、山杏等乡土树种为主，苗龄为 2～3 年生，乔木以刺榆、家榆、五角枫等乡土树种为主，苗龄为 2～3 年生，并配置节水耐旱，固沙性能好的樟子松、沙地云杉等，樟子松和沙地云杉选用 2～3 年生容器袋苗木。

（2）苗木栽植。根据造林地原生植被的实际情况，确定造林密度，一般情况下，灌木每亩栽植 50 株左右，乔木每亩栽植 30 株左右，栽植前，将苗木用清水浸泡 24h 以上，并将苗木根系修剪好。苗木栽后立即浇透水，也可以配合使用固体水、吸水剂、苗木保湿剂、菌根菌、壮苗大穴、覆膜等系列造林技术，待沙丘固定后草本植物自然恢复，最终形成乔灌草结合的稳定的近自然林复合生态系统。

六、沙地天然樟子松封育技术模式

樟子松（*Pinus sylvestris* var. *mongolica*）为欧洲赤松的地理变种，在呼伦贝

尔沙地年降水量280mm的半干旱条件下能够进行天然更新，生长良好。樟子松根系发达，结实量大，种子发芽率在90%以上。

1. 封育区的确定

根据樟子松天然林分布情况，天然更新情况以及气象条件、地质地貌分析，作为划分和确定封育区的依据。

2. 更新类型的划分

（1）密集类型。这种类型的樟子松林地，基本上是以原来的沙地残存的孤立母树为中心，半径几十米至几百米不等，经过母树的自然落种多次更新生长而形成的，总体呈岛状或群团状，密集分布。

（2）疏林类型。该类型主要是通过风、鸟等自然因素为媒介的远距离传播落种更新而形成幼林，这种类型在封育区内面积最大，分布广而均匀，每公顷株数为600~1000株，树高1~3m，因通风透光条件好，生长旺盛。

（3）幼苗类型。这部分林地距母树较近、母树多，种源足。由于更新年限短，高度在30cm以下，大部分幼苗被草丛覆盖，每公顷幼苗株数2000~6000株。

（4）火烧迹地类型。在封育前有一部分已更新的林地发生火灾，形成火烧迹地，使更新形成一个特殊的类型。

3. 封育期限的确定

樟子松更新类型不同，说明所处的更新发展阶段不同；不同的封育区域，封育发展方向，更新条件不同所需要的封育期限也不同，所以，根据樟子松更新类型和发展方向来确定封育的期限。

（1）密集类型。此种类型呈区域性郁闭，在大面积的封育区内群团状分布。各个群团状樟子松密集型林地之间还有面积大小不一的林间空地，樟子松林内有一代或几代母树。更新能力强容易郁闭。此类型中，年龄在10年生左右的幼林占有很大比重，要形成更多的一代新母树，封育时间需10年左右。

（2）疏林类型。林龄一般在10~15年，封育时间也应为10年左右。

（3）幼苗型。苗龄一般3~5年，要形成母树群落，需要封育15年时间。

（4）火烧迹地和空地类型。这两种类型的林地都具备天然更新的条件，由落种更新到形成母树至少需要20年时间，所此类型封育时间在20年以上。

4. 人工促进天然更新措施

天然林封育30年左右时，每间隔5~10年疏伐一次，以增大单株的营养面积。采取人工疏伐促进措施，既获得大量的木材，又增加了森林蓄积。

在种源充足。植被盖度大的各更新类型区，均可采用人工促进天然更新技术措施，可以采取条带状破土、穴状破土等措施，划破草皮，翻露出土壤，为种子萌发自造条件。

在樟子松封育区内的林间空地，更新困难的地方采取人工直播樟子松种子。例如，人工用木棒或锄头破草皮后在土壤上播 3～5 粒种子，然后覆土即可。撒播种子泥丸：用土、粪、沙及部分激素物质配成营养土，将种子拌土做成泥丸，泥丸晒干后平时贮藏起来，到播种期一般选在雨季之前，直接抛撒泥丸种子。

七、毛乌素沙地综合治理与开发模式

毛乌素沙地属于干旱半干旱大陆性季风气候，降水量 414.6mm。长城一线北部以密集的流动沙丘、固定半固定沙丘河谷阶地、湖盆滩地相互交错分布为特色，中部为流动沙丘、固定半固定沙丘与覆沙黄土丘陵相间分布的景观；东南部则是水蚀严重的沙黄土梁状丘陵，沟丘并列，地表切割破碎。针对以风力作用为主的沙质沙漠化土地，建立以“带、片、网”相结合的防风沙体系。

（1）利用沙区内部丘间低地潜水位较高，水分条件较优越的优势，采取丘间营造片林与沙丘表面设置植物沙障及障内栽植固沙植物（沙蒿、小叶锦鸡儿等）相结合方法固定流沙，同时加强对固定半沙丘的封育，使以流动沙丘为主的严重沙质沙漠化土地处于各种绿色屏障的分割包围之中。

（2）对分布于河谷阶地、盆滩地处于沙丘包围下的农田，建立以窄林带小网格为主的护田林网，并与滩地边缘固定半固定沙丘封育、草灌结合固定流沙等措施共同组成农田防护体系，同时与滩地内的开发利用地下水、发展灌溉农业、改良低产土壤和挖渠排水等水利工程措施相配合，组成沙质沙漠化地区的新绿洲建设体系。这种新绿洲生态系统散布于丘间低地，从而使沙丘沙漠化土地受到分割与包围，削弱其危害强度。

（3）对面积较大、高大起伏密集的流动沙丘地区，采取飞播造林种草和人工封育相结合的办法，其保存率一般在 40%～50%，最高可达 70%，3～5 年以后即可使流动沙丘固定，并逐步形成以花棒、蒙古羊柴为主的优质灌丛草场。

该模式对毛乌素沙地的综合治理开发具有直接的指导和示范作用，而且对我国北方半干旱农牧交错地区地下水条件较好的地区也有一定的借鉴意义。

八、工程和生物措施一体化的沙化草地综合治理技术

1. 技术原理

活化沙丘沙障设置部位在迎风坡中下部，中上部至顶部不做任何防护，依

靠风力拉平沙丘；风蚀坑内部实现沙障全面布设；重度退化草地流沙覆盖面积较大区域进行全面布设。于风季末期（春季 5 月）进行沙障建设施工，每个单一沙丘、单一风蚀坑一种类型沙障设计施工，保证每种类型沙障设置不少于 3 个沙丘（风蚀坑）。沙障施工完毕后进行直播、扦插和植苗造林措施。在沙化草牧场周围设置网围栏，分别在春季、冬季进行围封。在草种补播区域第一年全年禁牧，翌年可适当放牧；在造林区域第三年可进行放牧。

2. 沙障设计与施工

（1）沙障及植物材料。选用尼龙纱网制作机械沙障；以杨柴、柠条、沙打旺、披碱草、小麦种子为直播沙障（活沙障）材料。

（2）沙障材料规格。根据材料特征设计聚乙烯纱网沙障高度 5~15cm，柴草 20~50cm，长度 2~20m。

（3）沙障配置方式。活化沙丘采用条带配置，风蚀坑采用方格配置、条带配置（直线形），重度退化草地流沙覆盖面积较大区域进行全面布设采用条带配置。

（4）沙障设置规格。条带带宽 2~6m，“品”字形 2m×4m（左右间距 2m，前后行距 4m），方格配置 2m×2m、3m×3m、4m×4m、5m×5m 等。

（5）设置方法。将聚乙烯网栽植于防护区土壤内，选用尼龙网规格为 20~40 目，宽 60cm，按照设计要求留出裸露地表高度，其余部分全部栽植于土壤表层之下。铺设时先将尼龙网平铺于沙面，然后用平头铁锹横放在尼龙网中部，用力将其对折压入沙层内，整条沙障两端尽量深埋，防止其被风蚀裸露。

3. 实施效果

针对呼伦贝尔沙地草牧场出现的大量的流动沙地、半固定沙地、风蚀坑，开展了纱网沙障综合治理技术研究。

研究区位于陈巴尔虎旗完工林场辖区，针对草牧场流动沙地、半固定沙地、风蚀坑 3 种草地退化类型，分别开展了风蚀坑纱网沙障流沙快速控制技术、流动沙丘格状纱网沙障+灌草混播植被恢复技术、半固定沙地带状纱网沙障植被恢复技术，各研究区治理效果明显，天然植物种多样性显著提升，流动沙丘植被盖度由原来的小于 5%提高到 40%以上；半固定沙丘盖度达到 55%以上，基本实现了全部固定。

风蚀坑风蚀 85%以上区域得到有效控制，在风蚀坑下风向边缘依然存在风蚀，植物难以恢复，为下一步风蚀坑分部位治理提供了依据。在治理过程中，新型纱网沙障起到了先锋作用，特别是在重度沙化区，实现了流沙的快速固定，为下一步植物的定居提供了前提条件。该沙障技术施工方法简便、施工效率高、施工时间灵活，且材料易获取、质轻易运输，可应用于交通运输不便的沙区。

在流动沙丘、风蚀坑治理过程中，尽量采用4m×4m以下尺寸的格状配置，针对半固定沙地，采用垂直于主害风6m以下尺寸的带状配置。

4. 草牧场风蚀坑风蚀控制及植被恢复一体化技术

对风蚀坑进行分区（沙坑、边缘风蚀区、积沙区、沙草过渡区），采用分部位治理，整个风蚀坑采用围栏辅助。

(1) 沙坑内风沙运动相对稳定，采用条带状纱网沙障（带宽≤4m），垂直于主害风设置即可，并结合灌木直播造林措施。

(2) 边缘风蚀区风沙活动较强，风沙运动方向多变，采用格状、菱形纱网沙障（规格≤2m），并辅助灌草直播造林措施。

(3) 积沙区风沙活动逐渐在此区域削弱，风沙运动平稳，可采用大规格条带纱网沙障（带宽4~8m，较边缘处甚至可设置>8m），结合灌草种子撒播造林措施。

(4) 沙草过渡区，围封后自然恢复即可。

第二节　沙漠治理典型模式

一、梭梭-肉苁蓉沙产业模式

梭梭，为藜科梭梭属植物，多年生超旱生高大灌木或亚乔木，国家二级保护植物。梭梭耐旱、耐热、耐盐碱，生长迅速，枝条稠密，根系发达，有很好的防风固沙能力，是阿拉善地区人工造林最普遍选用的树种。

肉苁蓉，列当科肉苁蓉属多年生高大肉质草本植物，世界级濒危植物，是我国荒漠区特产，内蒙古阿拉善是它的主产区。肉苁蓉是一种营养价值非常高的中药材，有“沙漠人参”之称，它寄居在宿主梭梭根部，靠吸取梭梭的水分和养分生长。通常，梭梭生长3年之后，其根部才可以嫁接肉苁蓉。肉苁蓉每千克60多元。

采用抗旱造林技术，通过“公司+基地+农牧户”的产业化模式，在宗别立镇人工造林40万亩，并探索丰富肉苁蓉接种技术，使肉苁蓉接种成活率由30%提高到75%以上，极大地提高了单位面积产量。通过人工接种肉苁蓉，取得明显的生态效益和经济效益。当地牧民走上了脱贫致富的生态发展之路。例如，牧民满都拉依托梭梭林嫁接了660亩肉苁蓉，采挖了2.5t，收入16万元。“要是没有这么多梭梭树，我们是不可能有这么好的收入的。”目前，阿拉善盟从事沙产业的农牧民约有3万人，有2/3牧户通过沙产业实现人均年收入3万~5万元，部分牧户年均收入长期保持在20万元以上。

二、沙漠光伏治沙模式

我国沙漠化地区的太阳能资源丰富，多为I类太阳能资源区，拥有广阔的不可利用的沙漠化土地，而在沙漠化地区建设光伏电站不仅有利于改善土地质量，提升沙漠土地的利用价值，还能为当地提供优质的清洁电力。

所谓光伏治沙，就是利用荒漠化土地和当地充足日照的情况下，在光伏板下种养植物从而进行荒漠化治理，其核心是利用光伏组件间的土地资源以及光伏组件下的阴凉区域，进行土地集约化经营模式，充分利用有限的土地资源，实现对自然资源的充分吸收和转化从而提高了太阳能和降雨等自然资源使用率。

光伏治沙模式主要包括如下内容。一是在光伏电站围栏外围设置锁边防风固沙林；二是在光伏电站场区内主干道路两侧设置防护绿化带，并作为二级防护；三是在光伏阵列下方及前后排光伏阵列间设置沙障，并种植沙生植物或灌木，恢复植被固定流沙，同时，还可以根据植被发育状况，适度进行养殖，阻止沙漠化土地扩张，改善土地质量，起到防风固沙、改善环境和维持生态平衡的作用。

因此，光伏治沙模式功能是根据沙漠化地区建设光伏电站能够削弱风速，起到有效防风固沙作用，阻止沙尘的飞扬和沙丘的移动，防止水土流失；光伏阵列能对地表起到遮阴作用，有效降低其水分蒸发，有助于沙土中水分积累。将光伏发电和多种治沙方式有机结合，既能达到治沙防沙、保护生态环境的效果，又能实现荒漠治理与林业、农业经济产业相结合的发展。

三、沙漠锁边林草阻沙带模式

锁边林带有两方面的含义，一是针对单个流动沙丘而言，根据沙丘移动规律、沙地水分、沙生灌木生物生态特性，在沙丘迎风坡1/2或1/3以下及丘间低地，设置沙蒿沙障，并在沙障中栽植柠条，扦插沙柳，播种沙蒿，背风坡脚栽植杨柳高杆等。营造以灌木为主、乔灌结合的固沙林带，包围沙丘，改变沙丘地形，中、小型流动沙丘被固定和拉平恢复植被，控制沙丘前移，这种在沙丘迎风坡1/2或1/3以下及丘间低地营造的乔灌结合、控制沙丘前移的固沙林带防护体系称为锁边林带。二是从宏观角度看，锁边林带主要是在沙漠外围，根据流动沙丘和丘间地的分布特点，采取带、网、片相结合、乔灌草相结合的方式，营造固沙或阻沙防护林体系，控制沙漠整体移动，这样的固沙防护体系也可以称为锁边林带。

四、沙拐枣低覆盖造林治沙模式

1. 模式背景

乌兰布和沙漠位于内蒙古巴彦淖尔市磴口县大部、杭锦后旗的西南部和阿拉善盟阿拉善左旗东北部，介于黄河内蒙古段西侧、狼山和巴音乌拉山东侧。沙漠呈东北—西南向分布于内蒙古河套平原的西南部，沙漠总面积约 1.01 万 km^2。其中，流沙面积占 44%，固定、半固定沙丘占 40%，平坦沙地占 16%。而沿黄河内蒙古段西侧有约 50km 的密集流动沙丘，通过风沙流或沙丘坍塌等方式直接侵入黄河河道，泥沙含量显著增加。田世民等研究表明，乌兰布和沙漠在 2013—2016 年风沙入黄量变化范围为 53.78 万～158.92 万 t/年，平均值为 106.35 万 t/年。为此，坚持以水定绿，构建黄河沿岸密集流动沙丘固阻结合的综合治沙技术，对减轻风沙流及流沙沙丘入黄危害具有现实意义。

2. 模式要点

乌兰布和沙漠气候特征是年平均降水量 116～148.6mm，年平均蒸发量 2395.6～3006.0mm，平均风速 3.1～3.6m/s，年平均气温 7.4～8.6℃，≥10℃积温在3400～3577.9℃，生长期 127～139d。

（1）以水定绿，长寿命沙障和低密度造林相结合。水是植物赖以生存的基础，而固沙植物生长主要是利用天然降水，在风沙区进行植被重建和生态恢复时，必须考虑土壤水分的植被承载力。乌兰布和沙漠降水量少，天然恢复植被缓慢，而低密度固沙造林的幼林期，风蚀危害依然严重，但采用长寿命沙障，并结合低密度造林，不仅能够解决流动沙丘风蚀危害对低密度造林树木生长过程中不利影响，而且对构建雨养型灌木固沙植被稳定性具有现实意义。

（2）PLA 肠式沙障+沙拐枣固沙技术模式。沙障材料为生物基可降解聚乳酸纤维（Polylactic acid fiber，简称 PLA）。用聚乳酸纤维织的长筒状沙袋，沙袋内填满干沙后形成的肠式沙障直径为 6.5～7.5cm［±（0.5～1.0）cm］。沙障使用寿命 10 年左右。

沙障铺设规格为 1m×1m、1.5m×1.5m 或 2m×2m。施工时，将 PLA 肠式沙障的一端打结封闭，另一端使用装沙管将流动风沙土装到 PLA 袋内，双手握紧装沙管抬起使管内的干沙滑落到打结端的 PLA 沙袋内。重复上述取沙、填充和平铺动作，至 PLA 沙袋内全部填满后打结扎紧即可。

（3）PE 纱网沙障+沙拐枣固沙技术模式。沙障材料为抗老化白色聚乙烯（Polyethylene，PE）环保纱网。纱网网孔尺寸 0.85～2.0mm，纱网宽 60cm。

沙障使用寿命 10 年及以上。

根据流动沙丘高度差异，PE 纱网沙障规格分别为 2m×2m、3m×3m、3m×4m、4m×4m。施工时，将网片平铺，然后用平底铁锹在平铺网片中心部位下压，下压深度 10～15cm，使平铺网片两端翘起直立并形成褶皱，沙障高度 10～15cm。同时，实施下压 PE 纱网时，一定要一锹挨着一锹，两锹之间不得有空隙，否则，网片下部容易被风吹淘蚀，失去沙障的防护功能。

（4）沙障内造林。沙障内采用低压水冲造林方法进行造林。水源可以是水车供水，也可以打多孔组合井供水。多孔组合井深 10～15m，出水量每小时 20～30t。造林苗木为 1 年生沙拐枣一、二级苗，栽植密度 4m×4m、2m×8m。造林时采用低压水枪向流沙注水，同时将苗木插入注水孔，取出水枪再冲水，完成水冲造林过程。

（5）流动沙丘顶部设置 U 型纱网沙障。在流动沙丘脊线上，将 PE 纱网（宽 1.2m）网片平铺展开，上面铺设 50cm 宽农用地膜，并填入风沙土压住地膜，以防止 U 型纱网沙障底部风蚀危害。然后，依次按照 4～5m 间距，在网片中心砸入 2cm×2cm 方形木质的固定柱（长度 1m），砸入深度 50～60cm，固定网片。最后，将平铺展开网片的长边两端兜起，轻轻拉直网片，同时用 14 号铁丝、呈“十”字形将两端兜起的网片依次固定在固定柱上，使两个固定柱间两端兜起的网片呈“U”形。

3. 取得成效及推广应用情况

（1）对输沙量变化影响。和对照的流动沙丘相比，不同季节输沙量明显减少。春季，4m×4m 纱网沙障 0～60cm 高度累计输沙量比对照样地净减少 64.47%；3m×4m 纱网沙障累计输沙量比对照样地净减少 68.52%；3m×3m 纱网沙障累计输沙量比对照样地净减少 82.46%；2m×2m 纱网沙障累计输沙量比对照样地净减少 95.20%（表 4-2）。

表 4-2　春季不同规格纱网沙障输沙量的变化

距离地面高度（cm）	输沙量［mg/（cm^2·h）］				
	CK	4m×4m	3m×4m	3m×3m	2m×2m
10	256.97	74.92	61.99	32.42	8.58
20	67.20	38.81	35.01	18.49	4.65
40	20.79	8.03	8.15	8.21	2.46
60	6.37	3.06	5.44	2.49	1.17

夏季，4m×4m 纱网沙障 0～60cm 高度累计输沙量比对照样地净减少

56.80%；3m×4m 纱网沙障净减少 67.67%；3m×3m 纱网沙障净减少 68.29%；2m×2m 纱网沙障净减少 96.32%（表 4-3）。

表 4-3　夏秋季不同规格纱网沙障输沙量的变化

距离地面高度（cm）	输沙量［mg/（cm²·h）］				
	CK	4m×4m	3m×4m	3m×3m	2m×2m
10	67.38	18.94	17.11	16.20	1.85
20	14.50	13.57	7.52	9.09	1.05
40	4.94	3.94	2.18	2.35	0.22
60	0.44	1.24	1.40	0.04	0.09

当年冬季至翌年春季，4m×4m 纱网沙障 0~60cm 高度累计输沙量比对照样地净减少 58.83%；3m×4m 纱网沙障净减少 65.63%；3m×3m 纱网沙障净减少 73.31%；2m×2m 纱网沙障净减少 97.14%（表 4-4）。

表 4-4　冬春季不同规格纱网沙障输沙量的变化

距离地面高度（cm）	输沙量［mg/（cm²·h）］				
	CK	4m×4m	3m×4m	3m×3m	2m×2m
10	75.69	21.37	17.51	13.63	1.41
20	10.26	11.35	9.10	7.03	0.81
40	5.47	4.67	3.88	2.71	0.29
60	2.42	1.25	1.77	1.67	0.18

（2）纱网沙障地表粗糙度变化。地表粗糙度不仅是衡量地表性质的参数，更是评价沙障防风固沙效果的最重要指标之一。从表 4-5 可以看出，在不同风速条件下，2m×2m 网格纱网沙障地表粗糙度最大，并随着风速增加而呈现出逐渐降低的变化特征，且表现出明显的线性变化规律（$Y=-0.6408X+7.3263$，$R^2=0.8809$）。同时，其他规格的纱网沙障则没有类似的变化特征。

表 4-5　不同规格纱网沙障地表粗糙度变化　　单位：cm

平均风速（m/s）	地表粗糙度					
	2m 带状	2m×2m 网格	4m 带状	4m×4m 网格	6m 带状	6m×6m 网格
4.24	2.004	6.263	1.086	0.926	0.056	0.133
5.02	1.458	6.607	1.731	0.336	0.010	0.054
6.19	1.243	5.576	0.647	0.653	0.010	0.018

（续表）

平均风速（m/s）	地表粗糙度					
	2m 带状	2m×2m 网格	4m 带状	4m×4m 网格	6m 带状	6m×6m 网格
7.15	1.626	4.819	0.215	0.687	0.007	0.081
8.19	2.379	3.278	0.864	1.294	0.071	0.017
9.21	2.048	4.036	0.57	0.536	0.065	0.039
10.06	1.661	2.762	0.833	0.775	0.07	0.047

如果从近地表粗糙度及平均风速变化特征判断，平均风速从 4.24m/s 增加到 10.06m/s 时，2m×2m 网格纱网沙障的平均粗糙度为 4.76cm，其防风效果最好。而 2m 带状沙障为 1.77cm；4m×4m 网格、4m 带状、6m×6m 网格和 6m 带状纱网沙障的平均粗糙度分布为 0.74cm、0.85cm、0.04cm 和 0.06cm。表明随着纱网沙障设置规格的增大，其防风效果降低。其中，在流动沙丘设置 2m×2m 网格或带状纱网沙障具有良好的防风效果，其次是设置 4m 带状或 4m×4m 网格纱网沙障也具有一定的防风效果，但设置 6m 带状或 6m×6m 网格纱网沙障几乎没有发挥降低风速的作用。

4. 植被恢复成效

（1）PLA 肠式沙障+沙拐枣固沙成效。根据我们的跟踪调查（表 4-6），生长 4 年的沙拐枣平均高度 1.80m，平均冠幅 1.5m×2.5m，项目区林草植被盖度 25%~30%，每亩保存的成活株数 40 株左右。

（2）PE 纱网沙障+沙拐枣固沙成效。根据我们的跟踪调查（表 4-6），生长 3 年的沙拐枣平均高度 1.75m，平均冠幅 1.5m×2.0m，项目区林草植被盖度 20%~25%，每亩保存的成活株数 40 株左右。

表 4-6　沙障内沙拐枣生长情况

沙障及规格	林龄（年）	平均高度（cm）	平均冠幅（cm）	植被盖度（%）
1m×1m，PLA 沙障	4	180	150×240	30
1.5m×1.5m，PLA 沙障	4	170	140×250	30
2m×2m，PLA 沙障	4	190	160×260	25
4m×4m，纱网沙障	3	175	155×205	20
3m×4m，纱网沙障	3	180	140×185	20
3m×3m，纱网沙障	3	185	145×200	25
2m×2m，纱网沙障	3	160	160×210	25

五、前挡后拉造林治沙模式

对丘间低地较小的流动沙丘进行固定时，丘间低地造林易被流沙埋掉，应以迎风坡栽植灌木为主。实践中结合丘间低地造林总结出了“前挡后拉”“穿靴戴帽”的科学方法，以及“栽、种、补、护”相结合的有效措施。其中，“前挡后拉”的植物固沙方法，是本地群众对治沙工作的杰出贡献。所谓“前挡后拉”是指在沙丘的背风坡（落沙坡）前方，用高杆造林，以挡住沙丘前进，同时在沙丘的迎风坡下部，栽植沙柳、沙蒿等灌木、半灌木，拉住流沙，然后再利用风力削平未造林的沙丘上部，以此逐渐降低沙丘的高度沙丘上部的沙粒一般被阻积于栽植高杆的丘前低地。高杆（旱柳、小叶杨等）虽被埋压，但能往上生长。削平后的沙丘，由于高度降低，便可以进一步造林。“前挡后拉”的植物固沙方法在固沙实践中又被逐渐演变成以下几种。

1. “后拉前不挡”

此方法是在沙丘迎风坡下部（1/3 以下）栽植 2~3 行灌木（沙柳），借助于风力，在灌木带背风侧形成 2~3m 宽的平沙地，然后在此平沙地上再栽植灌木，在背风侧又形成 2~3m 宽的平沙地，如此继续前进，把沙丘拉平。群众也称为“撵沙丘”造林。

2. “先前挡，再后拉”

即在沙丘落沙坡前的丘间低地栽高干乔木（旱柳、小叶杨等），迎风坡先不栽灌木，沙丘前移时被高干林所挡，2~3 年后沙丘顶部逐渐削平，由新月形沙丘变成馒头形沙丘，再过几年，在高干林中变成波状起伏沙地。旱柳、小叶杨等高杆乔木，不怕沙埋，能继续生长。然后在原来迎风坡的部分栽上沙柳等灌木。如是单纯的前挡造林，又称“沙湾造林”。

此外，对于分布于滩地的中等高度（7m）以下的沙丘或缓起伏沙地，可采用在丘间地栽植乔木，在迎风坡下部、落沙坡或缓起伏沙地上部采用一行沙蒿（沙柳）一行树，并在树里行间栽植草本的方法实行全面固沙。树木走向垂直于盛行风向，其中的沙蒿、沙柳起障蔽作用，保护乔木的生长。两三年后，为维持土壤水分将沙蒿去掉，这样乔木能在迎风坡站住脚，沙丘也很快变平缓。

六、库布齐沙漠南封北堵中分割治理模式

库布齐沙漠位于鄂尔多斯高原的准格尔旗、达拉特旗和杭锦旗，地处黄河内蒙古段“几”字弯南岸，状似黄河上的弓弦而得名。东西长 360 余 km，总

面积1.86万km^2。库布齐沙漠水分条件相对优越，北邻黄河阶地，天然降雨和地下水资源相对丰富，东段年降雨300~400mm，西段年降雨150~200mm，这样的自然环境特征使库布齐沙漠具备治理的自然条件。

几十年来科技人员不断总结完善治沙技术模式，摸索出“流沙固定、乔灌并举、封沙育草”综合治理流沙技术，并提出锁边林带技术模式、生物沙障、扦插造林、前挡后拉治沙技术、高干造林技术以及乔灌草配置模式，以及沙柳沙障、PLA沙障、PE沙障、沙丘分区治理模式、公路沙害治理技术、道路分割治理模式、水冲沙柳造林、乔灌草综合配置模式和飞封造相结合、生物治沙与工程固沙相结合等，形成东西200余km，南北宽3~5km乔灌草结合的锁边林带，阻止沙漠北侵黄河和向南扩展。政府政策性支持、企业产业化投资、农牧民市场化参与、技术持续化创新的“四轮驱动”，为“库布齐模式”的实现作出了突出贡献，形成了民营企业牵头带动、产业发展和沙化土地治理相结合的道路，从根本上实现了沙区群众脱贫、生态改善、产业发展的良性循环的防沙治沙的模式。

2017年，《联合国防治荒漠化公约》第十三次缔约方大会组织和缔约国代表认为，库布齐荒漠化防治为世界树立了典范，创造了“市场化、产业化、公益化”的治沙经验，探索出一条“治沙、生态、民生、经济”平衡驱动的可持续发展之路。为“实现土地退化零增长”的“世界目标”提供了“中国方案”，也为推进人类可持续发展贡献了“中国经验”。

七、黄河凌汛水治理沙漠生态模式

鄂尔多斯市杭锦旗利用沙漠内的丘间地弱入渗保水特征，通过流动沙丘、丘间地开渠，利用黄河南岸凌汛水位抬高的机会，从黄河南岸引凌汛水，东西自流经过库布齐沙漠北缘沙漠段，改善沙漠水环境，促进植被恢复，达到以引水治沙的目的，从而实现风沙、凌汛“两害”变多利的共赢机制，缓解防凌防汛压力和生态水资源短缺的难题，变水害为水利。修建引水渠38.5km，建设生态围堤27.92km。通过几次分凌，已累计分凌汛水近3亿m^3，并在沙漠区形成30km^2的水面和近60km^2的沙漠生态湿地，促进了沙漠自然生态系统全面恢复，探索出集“沙、水、林、田、湖、草”一体化治理的新型之路，并实现了从沙漠到绿洲、从贫瘠到富裕的飞跃，为我国的防沙治沙及区域生态建设开辟了一条全新的技术路线。

八、低覆盖造林治沙技术模式

通常认为植被盖度大于40%为固定沙地，而低覆盖治沙是指植被盖度

15%~25%就能够完全固定流沙，而空留75%~85%的土地为自然植被修复带的固沙林。所以，低覆盖度治沙主要采取带状配置，并以防护林的有效防护距离为依据，以防风固沙、修复退化土地为目标，建成多树种水平带状混交，乔灌带垂直复层结构的沙漠（地）疏林与自然修复植被组合的，促进土壤、植被与微生物快速修复的植被体系。同时，低覆盖造林治沙是依据植物对水分利用的特点，采用行带式配置，以防风固沙、修复退化土地为目标，为提高土壤水分利用率、植被稳定性和加快修复速度，控制乔灌木成林覆盖度15%~25%，体现了边行效应和生态学的界面效应，行带间可形成边行水分主要利用带和带间中央的降水渗漏补给带，林木生长使得沙面稳定并形成小气候，为草本植被及微生物自然修复提供了良好空间，形成良好的乔灌混交结构和林草垂直结构。

例如，在半干旱区低覆盖度治沙应该是以乔木为主、乔灌结合的混交林模式，并根据不同固沙植被的水分利用特征，设置不同的固沙林带带宽，天然降水能够满足植物的生长需求，基本不用采用任何灌溉措施。在干旱区低覆盖度治沙应该以灌木为主，灌木与半灌木结合，形成灌草复层结构，灌木半灌木带状混交的模式。在极端干旱区应该采取局部治理大面积保护区措施，低覆盖度治沙用最少的水实现治沙，起到生态保护作用是核心，用最少的水达到治沙目的后，用经济树种或者高附加值的树种提高治沙的经济效益。

通常，灌木固沙林配置模式的带间距为12~28m，半灌木固沙林为6~12m，阔叶乔木固沙林为15~36m，针叶乔木固沙林为15~40m。在这一带间距下，带间植被和土壤的修复速度可加快2~5倍。同时，低覆盖度治沙可使固沙林降水入渗量增加5%~10%，水分利用率提高10%~18%，生物生产量提高8%~30%。

九、综合固沙林体系构建模式

防治土地沙漠化扩展最根本的措施是建立合理的植被，本项技术针对库布齐沙漠自然环境和土地沙漠化演化特征以及防沙治沙建设中存在的问题，按照“分区治理，突出重点，适度造林”的现代防沙治沙新思路，构建近自然的植被景观格局，增加沙地物种多样性，系统研究库布齐沙漠植被恢复或固沙技术措施。

在具体实施过程中，严格遵循“适地适树”的原则，以景观生态学原理为基础，以近自然斑块划分造林地块，适当采取人工造林、种草等措施，采取多树种、多功能的防护体系，并充分利用沙地已有植被的活力和恢复能力，实现自我恢复，并根据沙地植物自然分布的趋水性特征，建立沙地近自然景观的生态系统，提高沙区植被固沙生态系统的稳定性和植物固沙的综合生态防护作用。

综合固沙林体系建设主要包括流动沙丘固沙林带或生物沙障；沙地樟子松造林；林网建设；片林（沙柳、红柳）建设以及杨树人工林改造等，形成乔灌草、针阔混交林、生物沙障等固沙防沙体系，并总结配套了 3 种造林模式。

1. 流动沙丘分区治理模式

控制流动沙丘的风蚀、沙埋是提高流动沙地固沙造林的关键，为此，按照沙丘高度和坡度的差异，进行划区造林。即沙丘顶部到中上部保留原貌，不进行植被建设，而是利用沙丘的渗水、保水功能，作为沙丘中下部的水源补给区；沙丘中到下部的 1/2 处，重点进行造林活动，固定流沙。

（1）技术思路。合理利用流动沙丘的渗水、保水功能，根据沙丘风沙流运移规律，利用少量的植被达到固定流沙的目的。为此，主要采取综合的治沙技术控制流动沙丘的前移，并采取分区造林模式，建立固沙阻沙林带，适度恢复沙地植被。

（2）立地类型。3~5m 高大沙丘，以流动沙丘、沙丘链为主，植被覆盖度小于 10%，土壤为风沙土。

（3）造林模式。造林整地：采取人工挖坑深栽、早栽措施进行。深栽挖坑深度 70cm，造林时间春季（3 月 20 日—4 月 15 日）。

树种选择：沙柳、杨柴。沙柳苗木规格为 1~2cm 粗的插条苗，插条长度 60~75cm，苗木等级 1~2 级。杨柴为 1 年生播种苗。

密度配置：造林密度为 1m×4m、0. 5m×4m。或采用沙柳、杨柴混交林，混交配置为单行混交。

造林方式：人工挖坑栽植。

栽植措施：造林前苗木全株浸水 24~48h。栽植时铲除沙面干土，深挖，回填湿土，踩实，插条苗露出地面高度 5cm 左右。同时，在栽植行迎风面放置沙柳、玉米秸等平铺沙障，防止风蚀。在沙丘下部林带间，人工雨季撒播沙蒿、杨柴、沙打旺等植物，提高防风固沙效果。

（4）效果评价。造林成活率 93%以上，当年沙柳高生长量 1. 0~1. 5m。局部地段出现风蚀，平缓或背风区沙埋，沙柳生长旺盛。造林 8 年，沙柳高生长 220~300cm，杨柴高生长 110~140cm，流动沙丘植被盖度 40%以上，并形成生物结皮，其平均为 60%左右。

2. 平缓沙地灌草固沙模式

在草本植物盖度较丰富的立地条件下，充分利用草本植物自然繁殖更新能力，恢复天然植被。并通过人工造林，增加沙地表面的粗糙度，构建林草复合植被，提高生物措施防沙治沙的综合效益。

（1）技术思路。发挥灌草地面植被的固沙阻沙作用，提高生物固沙措施的生态效益。同时，利用草本植物自然繁殖更新能力，采取密植、宽行造林设计，构建林草复合植被。

（2）立地类型。平缓沙地、覆沙地、2m 以下的流动沙丘。地下水位 2～4m，植被盖度小于 15%。

（3）造林模式。造林整地：采取深坑或机械开沟整地，规格 70cm×40cm×40cm。机械开沟深度 60cm，宽 40cm。造林时间在春季（3 月 20 日—4 月 15 日）或秋季。

树种选择：沙柳，苗木规格为 1～2cm 粗的插条苗，插条长度 60～75cm，苗木等级 1～2 级。

密度配置：造林密度为 1m×4m。

造林方式：机械开沟扦插造林，人工植苗造林。

栽植措施：造林前苗木全株浸水 24～48h。栽植时采取机械化作业。零星的沙丘及其边缘雨季直播杨柴、沙蒿、沙打旺等植物，固定沙丘。

（4）效果评价。造林成活率 90%以上，当年高生长量 0.9～1.5m。平缓或背风区沙埋，沙柳生长旺盛。8 年后，沙柳高度 180～280cm，植被盖度 70%以上，生物结皮盖度 60%以上。

3. 盐碱化丘间地红柳造林模式

沙区丘间地土壤普遍具有盐化或碱化现象，水分条件好。但是，由于盐化或碱化的影响，造林难度大。采取乡土树种造林，不仅能够提高景观效果，而且能够提高土地生产力水平。

（1）技术思路。利用乡土树种改良碱化丘间地。采取密植、宽行造林设计，构建林草复合植被。

（2）立地类型。丘间地，地下水位 0.5～1.0m，土壤为碱化草甸土。0～5cm 土层含盐量 0.17%，土壤 pH 值为 9.92；10～20cm 土层含盐量 0.029%，土壤 pH 值为 9.17。植被覆盖度小于 5%。

（3）造林模式。造林整地：采取机械开沟整地，规格 60cm×30cm×30cm。机械开沟深度 60cm，宽 30cm。造林时间在春季或秋季。

树种选择：以红柳为主，适当配置沙柳。红柳苗木规格为 1～1.5cm 粗的插条苗，插条长度 40～50cm，苗木等级 1～2 级，或当年嫩枝扦插育苗或春季扦插培育的苗木。其中，嫩枝扦插育苗在 7 月进行，当年苗木生长高度平均为 20cm，根系发育良好。硬枝扦插在春季进行，当年苗木生长高度平均为 105cm，根系发达。

密度配置：造林密度为 1m×4m、0. 5m×4m。

造林方式：机械开沟扦插造林，人工植苗造林。

栽植措施：造林前苗木全株浸水 24~48h。栽植时采取机械化作业。

（4）效果评价。插条造林成活率 85%左右，当年高生长 40~60cm；嫩枝扦插育苗造林成活率 95%左右，当年高生长 50~70cm。8 年高生长量平均为 165cm，平均冠幅 116cm×106cm。林下植被盖度平均为 20%，主要植物品种有芦苇、披碱草、拂子茅、蒲公英、碱蒿、早熟禾等。

第五章　沙化耕地和线型沙害治理技术模式

第一节　沙质耕地退耕还林技术模式

内蒙古沙质耕地可以划分两大类型，一是风蚀沙化区沙质耕地，二是风沙区沙质耕地。由于两大类型沙质耕地本底性质的差异，在实施退耕还林采取的技术措施不同。

一、风蚀沙化区退耕还林技术

风蚀沙化区退耕地主要是分布于丘陵顶部，缓坡等地带的耕地，由于农耕破坏了原生植被，引起强烈风化、沙化，基本属于退耕还林草，生态治理的范围。由于地形、地貌类型的变化，引起水热条件的再分配，对林种树种植物群落和植物种的适生性和分布规律，具有明显的制约性。风蚀沙化区，地势平坦，气候干燥，风大沙多，土地沙化严重。本区重点是营造防风固沙林，并以封育保护为主，大力恢复天然植被。采取主要技术模式如下。

1. 灌草结合模式

（1）立地条件。缓坡丘陵区，沙质耕地。

（2）造林设计。两行一带。

（3）造林种草技术措施。

①整地。造林种草前10~20d，全面机耕，深25cm。

②播种。柠条点播机或播种机两行一带直播播深不超3cm，复土、镇压、带间豆科牧草也可用播种机直播，深度1cm，复土、镇压。

③适宜树种为柠条；草种为豆科、沙打旺、紫花苜蓿；禾本科为披碱草；药材为麻黄。

2. 乔、灌、草结合模式

（1）立地条件。地势平缓的坡耕地。

（2）造林设计。退耕地林网配套。

①整地。植苗前一年开沟整地，沟深 30cm。直播：造林前 10～20d 全机耕，深 25cm。

②栽植。春季植苗，沟底挖坑 40cm×40cm×40cm“品”字排列苗木直立穴中，根示舒展、踏实、截干。

③适宜树种。乔木为榆树；灌木为柠条、大白柠条。

二、风沙区退耕还林技术

风沙区退耕主要是风沙危害严重的耕地，所以，在进行退耕还林应选择风沙区的源头和边缘地带退耕还林，还林模式主要是营造片林。造林设计采用行带式。主要造林树选择抗旱性强、抗风蚀沙埋能力强、耐瘠薄能力强的树种，如樟子松、杨树、山杏、文冠果等。

1. 退耕地杨树造林

造林设计采取两行一带造林设计，株行距为 2m×2m 或 3m×3m，带宽为 6～10m。采用抗旱造林系列技术，用开沟犁开沟，沟深 40～50cm，沟底宽 20～30cm，沟内挖坑，规格为 60cm×60cm×60cm。旱作造林采用截干技术，二年生苗木截干后苗木高度 80～100cm（包括根系）。一般情况开沟、挖坑、栽植同时进行。栽植时采用扩穴回填湿土，分层踩实，并在苗木周围培保湿堆，高 20～30cm。

杨树以二根一干苗木，地径 2～3cm，或一根一干苗木，地径 1.5cm 左右。造林前苗木全株浸泡 24h。一年生苗木栽植后进行截干，地面截干高 20～30cm，并培土，保留 2cm。

2. 退耕地樟子松造林

（1）容器苗造林。

苗木规格：苗高 30～50cm。

整地时间：边挖坑边栽植。

整地规格：栽植坑“品”字形配置，具体规格 30cm×30cm×30cm。

造林密度：株距 2.0～3.0m，行距 2.0～4.0m。

造林时间：春季或雨季。

造林方法：栽植前 3～4d 将营养杯浇足水，运往造林地，然后去掉容器袋，并将苗木小心放入栽植坑内，且保持土坨完整，扶正苗木，回填湿土到根颈处踩实即可。

（2）大苗造林。

苗木规格：苗高 100～150cm；地径 2.0～3.0cm。起苗时带土坨，土坨规格直径×高为30cm×20cm。苗木健康，顶芽饱满，禁止使用林下被压苗木。

整地时间：造林前1年的雨季进行整地。整地方式可以采用开沟犁进行机械整地，或人工挖坑整地。

整地规格：开沟犁机械整地在预定行距开沟整地，其规格为用开沟犁开沟，上口宽80cm，沟深40~50cm，沟底宽25~30cm。人工挖坑整地规格为0.6m×0.6m×0.5m。

造林密度：适宜采用“两行一带”造林模式，湿润、半湿润区林带间距6~8m，干旱、半干旱区林带间距8~10m。

造林时间：春季。

造林方法：开沟犁机械整地后，按照株距挖坑，坑规格0.5m×0.5m×0.5m。在植苗时，不直接回填挖出的土，而是直接铲下植穴四壁的湿土作为回填土1/3，提苗踩实，再扩坑填满土踩实。

3. 退耕地灌木树种造林

造林株行距为2m×2m或2m×3m或1.5m×4m，也可以采用两行一带造林设计，带宽为6~10m。采用抗旱造林系列技术，用开沟犁开沟，沟深30~40cm，沟底宽20~30cm，沟内挖坑，规格为40cm×40cm×40cm。

苗木标准：采用1~2年生实生苗。苗高40cm以上，无病虫害，无机械损伤，根系完整，测根5条以上。

造林方法：在预先挖好的植树穴内回填10cm表土，浇10~15kg引墒水，待引墒水渗净后，随植苗、随填土、随浇水，填土后保留5cm浇水坑。植苗深度要求地径处距地面以下5cm。再次浇5~10kg，水渗净后踏实，用松散的土填平，并做出直径30~40cm的浇水围堰，做以后补水之用。

第二节 沙区公路沙害综合防护体系模式

一、公路沙害类型

风沙危害公路可分为路基风蚀和路面沙埋两种类型。

1. 风蚀

风蚀包括吹蚀和磨蚀两种作用。众所周知，沙漠地区自然条件的一个重要特征是风大沙多，而修筑的路基又往往是就地取材的沙土，缺乏黏性，易于松散，受到风力作用，沙粒很容易被风吹走，产生路基吹蚀，或因风沙流中的沙粒不断冲击路基、路面，发生磨蚀，倘若地表径流侵蚀路基而使之具有流痕或孔穴时，风沙流尚能钻入孔穴内旋磨，以致将沙填路基的路肩部分或路面下土基掏空，造成塌陷，路基风蚀主要集中表现在突起的迎风部位上，风蚀状况随路基型式与风向（风力、风速）的不同而异。

（1）路堤风蚀。多发生在迎风路肩和边坡上部，特别是高路堤风蚀最为严重，常常形成上陡下缓、坎坷不平的风蚀坡面，一般风蚀量为十几厘米，最大可达数十厘米，整个路肩可被风蚀殆尽，不仅增加养护与维修成本，而且由于风蚀后减窄路基宽度，严重影响行车安全。

（2）路堑风蚀。以边坡和堑顶为严重。当主导风向与线路平行时，两侧坡面常被风蚀成犁沟状，沟深可达20cm以上，线路与主导风向垂直时，堑顶形成浑圆状或不规则形状，迎风坡面常风蚀呈犬牙状，或成袋形窝穴，被风蚀的沙土塌落于堑内，堵塞公路。

2. 沙埋

沙埋是风沙地区公路的主要沙害。公路沙埋按积沙形式可分为片状积沙、舌状积沙和堆状积沙三种基本形式。

（1）片状积沙。其特点是积沙范围大，往往积沙整片相连，沿路面绵延数十米至数百米，甚至可达数公里。沙子堆积过程一般先在路堤迎风一侧路肩，或下风侧边坡和路肩开始，然后逐渐向路中心扩展，使整个路面被沙埋。片状积沙厚度较小，一般为10～20cm，最大厚度可超过30cm。这种沙害在初期对行车影响不大，但给养护造成困难，因消除积沙需耗费大量人力物力，若不及时清除，积沙日益增厚，也将影响交通。

（2）舌状积沙。这种沙害淹没地段不长，为数米至十多米，沙子堆积形态呈前低后高，前窄后宽，状似舌头的沙体伸向公路。主要发生在风口地段，特别是当路堤上风侧有障碍物，路堑口有斜向风吹入或线路横切沙丘走向时较为普遍。舌状积沙形成较快，积沙厚度较大，易造成阻车。

（3）堆状积沙。它是由沙丘前移到公路造成的，由于沙丘的移动方向和移动速度可以测量，所以沙害可以预测。但一经形成，因积沙量大，清除积沙工作艰巨，只能中断交通，甚至被迫弃路，因而危害严重。

二、沙区公路防护林营造技术

为防止公路受沙埋危害，在公路两侧的一定范围内必须采取各种防护措施，以控制风蚀过程的发生和改变沙子移动与堆积条件。

1. 公路沙害综合防治体系设置的指导思想

（1）防护体系的有效性。这是建设防护体系之前首先要考虑的问题。防护体系起不到防沙作用时，轻则路面积沙影响交通，重则整条公路将被沙埋。因此公路建成后迅速地、大面积地设置机械沙障是首要任务。

（2）防护体系的长期性及稳定性。机械沙障虽然能够迅速地起到控制沙害的作用，但其作用时间是有限的。像沙柳沙障，其有效作用时间最长也不过就是5~6年，草沙障时间更短些。为保证公路沙害防护体系的长期有效，建立机械措施保护下的绿色防护体系并最终建成稳定的生物防护体系是长远目标。

（3）防护体系的多功能性。穿沙公路沙害防护体系不是一条单纯的公路保护带，因此，沙害防治工作要从大处着眼，从长远着眼，穿沙公路生态工程不仅要有良好的生态效益，还要为沙漠的治理提供部分资金、苗木、种子和技术，要为当地牧民解决草场不足及饲草料问题，要为治沙工人解决吃住及工资问题，也就是说穿沙公路生态建设带还应有明显的经济效益，把它作为一条新兴产业带来办。日益增长和长期稳定的生态效益、经济效益、社会效益的全面发展是这项工作的最终目标。

（4）因地制宜，因害设防的原则。这是沙漠治理及沙区植被建设最基本、最具共性的原则。根据这一原则，分析了公路沿线各段路自然环境条件及沙害特征后确定了以灌为主，灌、草、乔结合建立绿色生态带的基本思路。在具体做法上中沙段以飞播为主要手段，快速恢复植被；大沙段人工造林及飞播，造林都不易奏效，因此，先在沙丘迎风坡设沙障，采取固身削顶的办法依靠风力拉平沙丘，待沙丘高度降低变平后再进行飞播或人工造林。缓沙段水条件好，除人工造林、种草、飞机播种外，还开垦了农田，种植了经济效益较高的玉米、马铃薯、甘草、枸杞、沙棘等经济作物，力争在较短的时间内建成生态产业化基地。

2. 公路两侧防护带宽度的确定

防护带设计宽度为上风向（公路西）500m，下风向（公路东）300m。实际施工中采用公路两侧各1000m全部围封的办法，这是从公路沿线生态建设的角度考虑的。为节约资金，机械沙障设置并未强求统一，而是本着因害设防的原则，在不同的路段其宽度不同。大沙段及中沙段的沙丘上，防护带为上风向300m，下风向200m，丘间低地较广阔的中沙段及河谷低地，宽度从80~200m不等。

3. 机械沙障设置技术

在路基两侧，特别是在主害风方向设置机械沙障，是植被未恢复之前，护路面不被风蚀、沙埋的关键措施，也是生物治沙的辅助措施，是给植物创造适生环境的先决条件。主、副沙障交织成网，能防止各方向害风，减少高立式沙障倒伏的概率，有积雪、积尘（黏粒和粉沙）的作用，改善沙地水条件，有利于植物成活生长。

沙障材料有沙柳沙障，也有麦草、糜草、玉米秆、葵花秆、蒲草沙障等。沙障类型有高立式沙障、半隐蔽式沙障、平铺式沙障、格状沙障、带状沙障等。沙障规格有 1m×1m、2m×1m、2m×2. 5m、2m×4m、2m×5m 等。带状沙障的间距从 12 倍障高到 18 倍障高（间距从 20~40m）。

设置机械沙障后，地表粗糙度比流动沙丘表面增加 44~88 倍，减少输沙率 26. 1%~71. 3%，沙障的防风引沙作用是明显的。沙障规格一般认为，沙障规格越小，削弱下层风速的能力越强。但规格 2m×4m 的沙障其地表粗糙度值与 1m×2m 的沙障近乎相等，而 2m×2. 5m 的沙障其地表粗糙度最大，显然，这与一般认为 1m×1m 的草方格地表粗糙度值最大的观点不符。而这正是沙柳沙障的独特之处。沙柳沙障高度可达 40cm，而麦草沙障的高度一般仅 15cm，其降低风速的作用自然不如高度较大的沙柳沙障。因此，设置高度较大的沙障时，其规格可适当放大，如仅考虑地表粗糙度一个指标时，其规格可放大到 2m×4m 甚至更大。

综合各种因素考虑，半荒漠地设置沙柳沙障时，其规格以 1m×2m、2m×2m 为好。高立式带状沙柳沙障设置在格状沙障的外侧，障高 2~3m，障间距 2040m，上风向设 5~6 带，下风向设 3~4 带，目的是阻止外围流沙的入侵，格状沙障。

4. 绿色植被建设技术

（1）封育。封育宽度为公路两侧各 1000m。外围设网围栏，由于封育前与牧民签订草场占用补偿协议，同时牧民也亲眼见到了大搞生态建设的实际行动，因此对此项工作给予了实实在在的配合。封育后河谷低地、丘间低地及缓沙地上沙蒿、拂子茅、沙米植物长势明显变好，盖度增加 10%~30%。特别是丘间低地上的佛子茅，沙蒿等生物量可增加 2 倍以上。

（2）造林。

①高大流动沙丘植苗造林。在沙障保护区内，不同地貌部位上，乔木的成活率大于灌木。灌木在不同地貌部位表现差异很大，但丘间低地成活率高，长势旺。而在干旱年份，乔木则严重生长不良，因此，杨柴、花棒、紫穗槐、沙拐枣等灌木是本区高大流动沙丘丘间低地主要的造林树种。同时在地下水埋深大于 3~4m 的沙丘区均不适宜再植阔叶乔木，而在地下水位 2~3m、又无盐碱的丘间地上，杨、柳高干造林的成活率及保存率均可达到 60%~70%。此外，从美化的观点发，可在沙障内栽植部分樟子松。

②飞机播种造林种草技术。对穿沙公路沿线进行了两次飞播造林。飞播成

效令人满意，飞播植物以柠条、籽蒿、杨柴、沙打旺为佳。比例 2∶2∶2∶1，飞播量 $7kg/hm^2$。飞播季节以 5 月下旬至 6 月中旬为宜。同时设置机械沙障可以提高飞播成苗率，封育也是提高保苗率的重要措施。

③活沙障建设技术。活沙障就是用绿色植物建成的沙障。选用材料为沙柳和沙蒿。沙柳活沙障的建立是：选择地势平坦的河谷低地或地下水位较高，起伏较小的沙丘迎风坡中下部，开挖 50~60cm 深的沟，沟中植入沙柳条，条长 60~100cm，紧密排列，回填土后踏实。当年成活率可达 30%，经分枝、萌蘖后，成为紧密结构的绿色屏障，其防风阻沙效益及抗风蚀能力大大超过死沙障。

5. 公路防护体系效益

由于机械沙障及植被削弱了风速，减少了输沙量的结果。沙障降低风速 17%~62%，减少输沙量 26. 1%~71. 3%。同时障内植被得到恢复，人工植被生长良好，植物从原来的 8 种 10 科增加到 77 种 20 科。路边的防护林保存率 57%。证明在机械沙障保护下的生物措施是公路防护体系建设的重要技术之一。

第三节　沙区铁路沙害综合防护体系模式

一、铁路沙害类型

风沙对铁路的危害主要表现为风蚀与沙埋，其中又以沙埋为主。路基遭受沙埋有两种形式：其一是在风沙流活动地区，由于沙粒沉落、堆积，掩埋路基；其二是在流动沙丘地区，由于沙丘向前移动，掩埋路基。路基遭受风蚀，将会出现削低、掏空和坍塌等现象。

1. 风蚀

沙漠地区的路堤，一般采用当地的粉细沙填筑，容易被风蚀；在沙丘或沙地开挖的路堑，或者含有易风蚀土层的路堑，风蚀较严重；大风地区的风蚀现象更严重，不仅粉细沙填筑的路堤需要防护，而且采用粗类土和泥岩、泥灰岩等软质岩碎块填筑的路堤，也需要进行防护。

2. 沙埋

风沙地区的道床积沙是普遍现象，轻则道碴孔隙贯入沙粒，造成道碴不洁，给铁路上部结构带来一系列危害；重则积沙掩埋轨道，当积沙超出轨顶 3cm 以上，就有可能引起机车或车辆脱轨。

二、沙区铁路两侧防护林营造技术

1. 防护原则

针对不同路段沙害特点，“因地制宜、因害设防、就地取材、远阻近固、固阻结合、工程措施与植物措施相结合、先工程后植物、植物固沙为根本”的综合治理原则，即根据沙区具体的自然环境特点、沙害类型、地形地貌特征等情况，分别采取有针对性的治理措施，合理配置，综合利用。首先实施工程措施，尽快减轻线路沙害，随后在工程体系内栽种植物；前期主要依靠工程措施防治沙害，后期植物长大成林后，植物林带将发挥主要的防风、固沙、阻沙作用，最终形成免浇灌、免维护的植物防护体系。

2. 防护措施

(1) 借鉴成功治沙经验，路基两侧坡脚或堑顶外设 20m 的防火带，平面防护带内先采取固沙措施，采用经编 HDPE 方格沙障或树枝方格沙障进行固沙，经编 HDPE 和树枝沙障呈条带状间隔布置；方格沙障内栽种沙柳、柠条、沙蒿等固沙植物进行防护，最外侧设置高立式阻沙沙障进行阻沙，平面防护带沿铁路线平行布置，根据风沙严重程度不同而采取不同的防护措施。

严重风沙地段，主风侧防火带外设 3 道 50m 宽灌木林带，背风侧防火带外设 2 道宽 50 宽灌木林带，各林带之间设 20m 空隙带。

主风侧最外侧灌木带外侧 30m 外设置两道 1.5m 高的折线形高立式阻沙沙障，沙障间距为 50m；背风侧最外侧灌木带外侧 30m 外设置一道 1.5m 高的折线形高立式阻沙沙障。

主风侧防护宽度为坡脚（堑顶）外 290m，背风侧坡脚（堑顶）外 170m。

(2) 设置复式阻沙栅栏。阻沙栅栏的高度和疏透度是影响阻沙效果的 2 个主要因素，凌玉泉等在分析栅栏防沙原理及影响因素的基础上，根据野外实测资料，认为高度 0.8~1.0m、疏透度在 30%~40%的栅栏阻沙效果最佳。阻沙带采用玉米秸秆编制的复式阻沙栅栏，栅栏高度 0.9m，疏透度 30%~40%。复式阻沙栅栏纵向上由 3 排玉米秸秆阻沙栏组成，排与排之间间隔 2m，垂直纵向栅栏每隔 2m 扎设一道横向栅栏进行加固，最终形成 2m×2m 的阻沙栅栏方格。其具有施工速度快、造价低、整体性好、抗倒伏等优点。试验段共设置 2 道阻沙带，分别位于距离线路 200m 和 300m 处，其间空留 100m 作为积沙带，每条阻沙带长约3600m。

(3) 固沙带。固沙带可采用草方格沙障和尼龙格状固纱网 2 种形式。靠近线路的固沙带采用稻草为原料进行铺设。草方格固沙带宽 100m，规格为

1m×1m，草头外露高度15~20cm。阻沙带前的30m宽固沙带采用尼龙格状固纱网铺设，网格规格为1m×1m，高度20cm，疏透度50%左右，其与阻沙带组成固阻结合防护措施。尼龙网作为一种新型的防沙材料，虽然造价相对较高，但其使用寿命长，不易腐烂，施工不受季节限制，并且具有治理效果快、立见成效、可提升等优点。

此外，在草方格固沙带和尼龙格状网固沙带以及复式阻沙栅栏方格内种植植物。物种选择乡土沙生植物，以沙拐枣、柠条、花棒等灌木为主，种植密度为每亩150株，同时在以上区域播撒沙米、油蒿、籽蒿等草籽，播撒量为每亩20kg。

第六章　荒漠生态系统功能

作为陆地生态系统的重要组成部分，荒漠生态系统同样具有其功能。根据《联合国防治荒漠化公约》关于土地荒漠化的定义，荒漠化是指包括气候变异和人类活动在内的种种因素造成的干旱、半干旱和亚湿润干旱地区的土地退化。防治荒漠化包括干旱、半干旱和亚湿润干旱地区为可持续发展而进行的土地综合开发的部分活动，其目的是防止和/或减少土地退化；恢复部分退化的土地及垦复已荒漠化的土地。

土地荒漠化治理就是利用风和沙的辩证规律，控制风蚀、积沙过程。其治理技术主要包括工程固沙技术、植物治沙技术以及工程和植物相结合的综合治理技术。其中，工程固沙主要指固定流动沙地，而植物治沙通常是利用植物改造沙化土地，有效地防止了风沙的危害，改善了区域环境质量，促进了人们生活和社会经济的协调发展。所以，植物治沙具有长效性和根本性，也是荒漠化治理生态效益的集中体现。

第一节　荒漠化治理的生态效益

所谓生态效益就是指荒漠化土地建立或恢复植被后，能够提高的生态服务功能。当然，这种生态服务功能则随着固沙植被的生长发育及其生态系统结构的变化和逐渐完善而不同。通常，荒漠化土地治理后的生态效益主要包括植物覆盖度、生物量以及植物多样性的增加，并为动物生存提供栖息地；抗风蚀能力提高，拦截大气降尘，改善风沙土理化性质，促进风沙土发育演化；降低温度、增加空气湿度，并调节小气候变化等。

一、改善区域小气候变化

灌木固沙林的林内及林缘附近产生了良好的小气候效益，他们测算的林内风速比无林地降低 69.0%~76.2%，空气湿度增加 3.3%~13.1%，水面蒸发量降低 54.8%~60.4%，土壤表面蒸发量降低 35.2%。杨柴固沙林降低风速

33.3%，沙柳固沙林降低风速 30.2%。

二、改善风沙土理化性质

在自然条件下，随着固沙植物的成长过程，植被的覆盖率逐渐增加，流动沙丘向半固定沙丘、固定沙丘演变。植物固定流沙以后，林地地表的粗糙度不断增加，大大降低了风速，林木根系和枯枝落叶可以加速土壤的形成过程，提高黏结力，促使地表形成“土壤生物结皮”。而土壤生物结皮具有非常强的抗风蚀能力，并使固沙林土壤质地变细、容重降低、孔隙度加大、持水量变大、有机质以及土壤养分含量提高、碳酸钙积累增加、易溶盐含量增加等，进一步促进风沙土形成演化过程。例如，在伊金霍洛旗，土壤生物结皮层速效性氮含量比对照样地提高 161.4%，全氮提高 80.0%，全磷含量提高 5.6%，速效磷含量提高66.05%，速效钾含量提高 14.32%，有机质含量提高 109.76%。土壤生物结皮层最大持水量、毛管持水量、毛管孔隙度、总孔隙度分别比对照沙土样本高 141.5%、96.0%、37.2%和 68.9%。和流动风沙土比，随着固沙植被发育，表层土壤颗粒 100～150μm 粒径级含量逐渐增加，特别是颗粒<2μm、<10μm、10～50μm 和 50～100μm 粒径级含量均显著高于流动风沙土，并对下层风沙土<10μm 物理性黏粒影响深度为 0～5cm。此外，和对照相比，土壤生物结皮层过氧化氢酶活性平均提高 2.5 倍，脲酶活性平均提高 54.55%，蔗糖酶活性平均增加 16.17 倍，多酚氧化酶活性增加 1.95 倍。

三、提高植被盖度，增加植物多样性

由于植物治沙具有长效性和根本性，同时也是人们同风沙斗争中形成的共识并总结出的有效措施，改变着流动沙地地表状况，并向半固沙沙地、固定沙地演变，使流动沙地变成既具有一定生产能力，又无风沙危害的“沃土”。例如，在毛乌素沙地流动沙地种植沙柳，5 年后沙柳平均高度 2.3m，群落总盖度45%，地表蚀积稳定状况较稳定，草本植物品种有黑沙蒿、中间锦鸡儿、北沙柳、乌柳、塔落岩黄芪、沙鞭、角蒿、苣荬菜、雾冰藜、尖头叶藜、黄花列当、女娄菜。毛乌素沙地飞播区，植被总盖度在 38.5%～61.5%，并且飞播时间越早，植被盖度越大。同时，植物种的组成数量上有很大的变化，1983 年飞播地比 2002 年物种数增加了 12 种，增加 240%，1998 年飞播地比 2002 年物种数增加了 4 种，增加 80%。

流动沙地栽植黄柳固沙林 3～7 年，植被盖度从 25.3%增加到 70.0%；物种丰富度每平方米从 7 种增加到 10 种；地上植物生物量（鲜重）从每亩 162.4kg 增加到1051.7kg。退化草地封育禁牧 2～4 年，植被盖度平均为 35%，而对照区为16%；草本生物量平均每亩139.4kg，对照样地为90.2kg。

采用沙障工程技术治理流动沙地，3年后植被覆盖率平均为35%~65%，7年后，植被覆盖度达到70%~80%，并且植物种组成和物种丰富度随治理年限的延长而增加，特别是多年生植物种，例如碱草、乌丹蒿、杨柴、扁蓿豆等增加，有利于植被稳定性的提高，有利于恢复或重建近自然植被类型。

此外，采用植物技术治理荒漠化土地，对缓解气候变暖具有积极作用。绿色植物通过光合作用吸收二氧化碳并释放氧气，调节大气中物质平衡。通常，植物每生产1kg干物质，吸收1.62kg二氧化碳，并释放1.2kg的氧气。

第二节　荒漠生态系统服务功能

20世纪50年代以来，随着生态学理论和方法的不断发展，人们对生态系统的结构和功能的认知日益加深，并逐步认识到生态系统的重要性。生态系统不仅在维持生命支持系统和环境动态平衡方面起着不可替代的重要作用，同时还为人类提供各种生态产品和服务。

荒漠生态系统的生境特点是降水稀少、气候干燥、风大沙多、植被稀疏，也是陆表过程中最为脆弱的一种生态系统。然而荒漠生态系统又蕴藏着大量珍稀、特有、孑遗物种和珍贵的野生动植物基因资源，具有其独特的结构和功能。这些功能不仅为生活在干旱区的人们提供着赖以生存和发展的物质基础，也为维持社会稳定、经济发展和区域乃至全球生态安全提供了重要保障。

荒漠生态系统是由旱生、超旱生的小乔木、灌木、半灌木和小半灌木，以及与其相适应的动物和微生物等构成的生物群落，与其生境共同形成物质循环和能量流动的动态系统。

荒漠生态系统服务是指人类从荒漠生态系统中获得的各种收益，包括荒漠生态系统提供食物和水等方面的供给（产品）服务、调控水文和气候等方面的调节服务；提供精神、消遣和文化收益等方面的文化服务，以及提供土壤形成、养分循环等方面维持地球生命条件的支持服务等。

根据卢琦等研究，荒漠生态系统服务评估指标体系包括6个类别12个评估指标（表6-1）。

表6-1　荒漠生态系统服务评估指标体系

指标类型	评估指标
防风固沙	固沙
	区域防护

（续表）

指标类型	评估指标
土壤保育	土壤形成
	土壤固定
水文调控	凝结水
	荒漠储水
	净化水质
固碳	植被固碳
	土壤固碳
生物多样性保育	物种保育
景观游憩	荒漠旅游
	增加就业

依据上述指标体系，2009 年中国荒漠生态系统服务实物量评估结果表明，中国荒漠地区植被固沙量为 378. 35 亿 t；荒漠植被的农田防护作用增加荒漠地区农作物产量 262. 44 万 t；荒漠植被的草牧场防护作用增加牲畜肉产量相当于 411. 17 万个羊单位的出肉量；荒漠地区沙尘经风力搬运形成土壤 151. 98 亿 m^3；2009 年沙漠和沙地产生的凝结水 70. 14 亿 m^3，提供的淡水 190. 34 亿 m^3；植被固定 $CO_2$6. 11 亿 t，土壤固定 $CO_2$42. 11 亿 t，沙尘落入海洋固定 $CO_2$37. 95 亿 t；2009 年沙尘向海洋输送溶解性铁 4. 83 万 t，增加海产品 1. 62 亿 t。

同时，荒漠生态系统为12419种动物、2280种植物提供了生存和繁衍场所，其中包括极危物种 244 种，濒危物种 774 种，易危物种 498 种，近危物种 291 种。而且，荒漠特殊的景观资源和文化遗址每年吸引旅游人数为1711. 43万人次，同时提供就业岗位为 7. 36 万个。

第三节　防沙治沙成效评价方法

内蒙古地处祖国北疆，生态地位极端重要。其生态状况如何，不仅关系内蒙古各族群众生存和发展，还关系到东北、华北、西北乃至全国的生态安全。几十年来，在内蒙古自治区党委、政府的领导下，依托“三北”防护林、“天然林保护”“京津风沙源”等国家重大生态建设工程，内蒙古防沙治沙取得了显著成效，生态状况逐年改善。根据全国荒漠化和沙化监测数据，内蒙古荒漠化和沙化土地面积连续实现“双减少”，沙化土地面积由 40. 79 万 km^2 减少到现在的 39. 82 万 km^2。重点沙化土地治理区的生态状况明显改善。毛乌素沙地、浑善达克沙地、科尔沁沙地和呼伦贝尔沙地等土地沙化趋势实现逆转，库布齐沙漠实现整体治理。沙化土地植被盖度大幅度提高，沙区土壤风蚀状况减轻趋势明显，土壤风蚀量下降了33%，地表释尘量下降了约37%，其中植被增加的贡献率为20%。而采用什么样的数量化指标，客观量化评价内蒙古防沙治沙取得显著成效是内蒙古生态安全屏障建设中需要深入探讨的问题。

生态环境是一个社会-经济-自然复合的生态系统，为人类提供自然资源和生存环境的服务功能，是人类生存和发展的基础。而生态环境质量评价中指标体系构建和方法选择至关重要，不同的评价方法，可能会得到不同的评价结果。目前，生态环境质量评价方法主要有层次分析法、主成分分析法、模糊集对分析法、熵值法、专家咨询法、综合指数评价法、模糊综合评价法、灰色关联度分析法和人工神经网络评价法、压力-状态-响应模型法、生态足迹法、景观生态学法、图形叠置法等。可以说每种评价方法都在不同的领域得到广泛应用，但也存在着诸如数据收集难、指标体系庞大、评价方法计算复杂、参数选择专业性强、基层科技人员难以掌握等诸多问题。

生态环境指数（Ecological Environment Index，EI）是指反映被评价区域生态环境质量状况的一系列指数的综合。为此，2006年国家环境保护总局正式发布了《生态环境状况评价技术规范（试行）》（HJ/T 192—2006），采用一个综合值反映区域的生态环境状况，即生态环境状况指数。2015年对部分指数计算进行优化修改后正式颁布实施了《生态环境状况评价技术规范》（HJ/T 192—2015）。张华等依据HJ/T 192—2006对科尔沁沙地生态环境质量评价结果表明，科尔沁沙地整体生态环境状况虽有所改善，但仍属于“较差”级别。陈丽华等评价了甘南藏族自治州生态环境质量，认为评价结果与现状吻合，说明该方法有较好的可操作性。易浪评价表明2000年和2010年陕西榆林市整体生态环境状况指数偏低，且呈现出下降的趋势，生态环境质量等级为一般。孙海鹏等评价了锡林郭勒盟生态环境质量状况的年度变化，表明2014年全盟生态环境质量状况等级为一般，和2010年、2013年相比较无明显变化。上述评价结果存在的共性问题是直接套用了HJ/T 192—2006中的计算公式，而没有结合地区防沙治沙生态环境建设特点对生态环境指数计算方法、参数等进行修订，特别是没有紧密结合防沙治沙工程建设取得的成效，修订生态环境指数计算方法、参数等。所以，本研究根据防沙治沙工程建设取得直接成效指标因素，并参考上述生态环境指数评价方法，构建了防沙治沙生态环境指数（Ecological Environment Index of Desertification Combat，EIC），深入探讨利用EIC评价实施防沙治沙生态工程建设后风沙区生态环境质量状况的可行性，为基层科技人员提供简便、可操作的量化评价方法。

一、数据采集

生态环境质量状况评价中，数据采集对指标体系构建和应用具有重要影响，而评价防沙治沙取得的成效涉及多项指标，但是，从简便、可操作的量化评价方法考虑，数据采集应该选择直接成效指标而不采用间接指标，选择指标应容易获取、具有普遍性。所以，本研究在探讨EIC评价方法时，主要选择的数据指标有流动沙地面积、半固定沙地面积、固定沙地面积、乔木林面积、灌木林面积、草地面积、水域湿地面积、耕地面积，以及林草植被总盖度。而和防沙治沙成效相关的一些间接指标，如社会经济指标、生态效益指标和气象指标等并没有选择，一是因为这些指标数据采集困难，二是这些指标又间接影响着防沙治沙成效，或者并不是防沙治沙本身就能够明显改变的自然指标（如降水量、沙尘天气等气象指标）。

二、EIC指数体系构成

依据本研究EIC评价方法坚持的简便、可操作、可量化的原则，并紧密结合防沙治沙生态工程建设取得的成效指标，EIC评价方法中的指数体系主要包括沙化土地面积逆转指数、林草资源面积指数、林草固沙植被盖度指数和生物丰富度指数，各指标权重则参考《生态环境状况评价技术规范》，或结合防沙治沙生态工程建设成效指标的相对重要性而确定。和《生态环境状况评价技术规范》中的评价指数相比，将土地退化指数修改为沙化土地面积逆转指数、将植被覆盖度指数修改为林草固沙植被盖度指数；保留了生物丰富度指数。水网密度指数和环境质量指数没有采用，而是选择了林草资源面积指数。这样修改的目的是想体现防沙治沙生态工程建设成效的特点。因为沙区工业排放物和区域总体排放物相比数量相对较少；尽管沙区存在着一些湖泊、河流等，而对固沙成效的影响范围有限，即使有一些影响，也主要体现在林草固沙植被生长发育方面。

三、EIC评价方法指标赋值

1. 沙化土地面积逆转指数

（1）权重（表6-2）。

表6-2　沙化土地面积逆转指标权重

指标构成	固定沙地	半固沙沙地	流动沙地
权重	0.45	0.35	0.20

（2）指数计算方法。沙化土地面积逆转指数＝Aero×（0.45×固定沙地面积+0.35×半固定沙地面积+0.20×流动沙地面积）／区域总面积

式中，Aero为沙化土地面积逆转指数归一化系数，参考值为146.33。

2. 林草资源面积指数

（1）权重（表6-3）。

表6-3　林草资源面积指标权重

指标构成	乔木林总面积	灌木林总面积	草地总面积
权重	0.30	0.40	0.30

（2）指数计算方法。林草资源面积指数＝Afgz×（0.30×乔木林总面积+0.40×灌木林总面积+0.30×草地总面积）／区域总面积

式中，Afgz为林草资源面积指数归一化系数，参考值为236.0435。

3. 林草固沙植被盖度指数

（1）权重（表6-4）。

表6-4　林草地植被盖度分级权重

数值分级	<15%	15%~25%	25%~45%	45%~70%	>70%
盖度分级	较低覆盖度	低覆盖度	中覆盖度	高覆盖度	较高覆盖度
权重	0.10	0.25	0.3	0.20	0.15

（2）指数计算方法。林草固沙植被盖度指数＝Aveg×（0.15×较低覆盖度植被总面积+0.25×低覆盖度植被总面积+0.35×中覆盖度植被总面积+0.20×高覆盖度植被总面积+0.15×较高覆盖度植被总面积）／区域总面积

式中，Aveg为林草固沙植被盖度指数归一化系数，参考值为458.53。

4. 生物丰富度指数

（1）权重（表6-5）。

表6-5　生物丰富度指标权重

指标构成	乔木林地	灌木林地	草地	水域湿地	耕地	流动沙地
权重	0.15	0.20	0.25	0.25	0.10	0.05

（2）指数计算方法。生物丰富度指数＝Abio×（0.15×乔木林总面积+0.20×灌木林总面积+0.25×草地总面积+0.25×水域湿地总面积+0.10×耕地总面积+0.05×流动沙地总面积）／区域总面积

式中，Abio 为生物丰富度指数归一化系数，参考值为 511.26。

四、防沙治沙生态环境状况指数

1. 权重

各项评价指标体系权重见表 6-6。

表 6-6　各项评价指标权重确定

指数构成	沙化土地面积逆转指数	林草资源面积指数	固沙植被盖度分级指数	生物丰富度指数
权重	0.35	0.20	0.30	0.15

2. 指数计算方法

防沙治沙生态环境状况指数（EIC）= 0.35×沙化土地面积逆转指数+0.20×林草资源面积指数+0.30×固沙植被盖度指数+0.15×生物丰富度指数

3. 等级划分

根据防沙治沙生态环境状况指数计算分值，将防沙治沙区域生态环境状况划分为 5 级，即优、良、一般、较差和差。具体见表 6-7。

表 6-7　防沙治沙区域生态环境状况分级

级别	优	良	一般	较差	差
指数值	EIC≥70	50≤EIC<70	35≤EIC<50	20≤EIC<35	EIC<20
特征描述	沙化土地以固定为主，地表风蚀得到控制。乔灌草植被盖度在 45%及以上	沙化土地以固定、半固定为主，地表风蚀基本控制，林草植被盖度在 35%～45%	沙化土地以固定、半固定为主，地表风蚀初步控制。林草植被盖度在 20%～35%	沙化土地以半固定、流动为主，地表风蚀明显。林草植被盖度在 15%～20%	沙化土地以流动为主体，地表风蚀严重。林草植被盖度在 10%及以下

五、防沙治沙生态环境状况指数模拟结果

1. 数据来源

例如，某沙漠区土地总面积为 14179.49km^2，其中，相关土地类型面积、林草固沙植被盖度数据如表 6-8、表 6-9 所示。

表 6-8 某沙漠土地类型面积　　单位：km^2

年份（年）	固定沙地	半固定沙地	流动沙地	乔木林	灌木林	草地	水域湿地	耕地
1989	1795.13	5641.00	5921.38	27.86	83.58	1927.84	259.65	477.83
2019	1200.37	10443.21	1915.86	35.32	105.952	2665.83	257.07	1043.33

表 6-9 某沙漠不同林草固沙植被盖度面积　　单位：km^2

年份（年）	林草固沙植被盖度				
	<15%	15%～25%	25%～45%	45%～70%	>70%
1989	7733.96	5609.97	361.52	310.73	90.85
2019	7403.96	5809.97	461.52	320.73	110.85

2. 模拟评价结果

依据表 6-8、表 6-9 数据，计算防沙治沙生态环境状况指数（EIC）结果如表 6-10。

表 6-10 某沙漠不同时间防沙治沙生态环境状况指数变化

年份（年）	沙化土地逆转指数	林草资源面积指数	林草固沙植被盖度指数	生物丰度指数	EIC 值
1989	40.93	10.32	76.32	32.86	44.21
2019	47.25	14.19	78.01	34.51	47.95

从表 6-10 中可以看出，经过近 20 年的防沙治沙生态治理，区域生态环境状况得到初步改善。EIC 值从 1989 年的 44.21 提高到 2019 年的 47.95，但总体等级属于一般偏上。和 1989 年相比，沙化土地面积逆转指数提高了 15.44%，林草资源面积指数提高了 37.50%，林草植被盖度指数提高了 2.21%，生物丰度指数提高了 5.02%。说明，沙化土地面积逆转和林草资源面积增加对改善沙区生态环境状况具有关键性作用。

六、讨论

本研究的主要目的是参考 EI 评价方法，并紧密结合防沙治沙生态工程建设取得的成效指标，探讨构建 EIC 指数体系、并确定评价参数的可行性。同时，利用卫星影像解译数据，模拟计算某沙漠实施防沙治沙工程建设后的防沙治沙生态环境状况指数。结果表明 EIC 值客观反映了 20 年某沙漠实施防沙治沙工程建设后的成效，并发现沙化土地面积逆转和林草资源面积增加对改善沙区生态环境状况具有关键性作用。

根据本研究涉及未公开的卫星影像解译数据分析结果表明，该沙漠1989—2019年，土地沙化指数（ADI）平均值由3.25下降到2.94，土地沙化程度整体实现好转，其人为贡献率为56.63%，同时沙漠植被盖度增加变化的人为贡献率为59.81%。这和EIC评价方法计算的结论基本一致，说明利用EIC评价方法能够取得预期的评价结果。

实际上，防沙治沙生态工程建设主要是通过工程措施固沙和生物技术治沙等综合技术，增加林草植被面积，使流动沙地逐渐转化为半固定沙地，或和固定沙地，减少流动沙地面积，逐渐增加半固定沙地、固定沙地面积，并实现沙化土地的逆转。所以，和《生态环境状况评价技术规范》相比，本研究利用EIC指数体系评价实施防沙治沙工程建设后的防沙治沙生态环境状况，其针对性更具体、数据采集更方便、更具有可操作性。当然，任何评价方法都有其不足，EIC评价方法也不例外。例如，指数归一化系数问题，目前还没有适合沙区可以使用的归一化系数，相关的参考文献严重不足，几乎没有可以借鉴的参数可以参考。所以，归一化系数只能参考《生态环境状况评价技术规范》中数据。另外，《生态环境状况评价技术规范》中生物丰度指数采用的指标是林地、草地、水域湿地、耕地、建设用地和未利用地的面积数据，而EIC指数体系中选择的指标是乔木林、灌木林、草地、水域湿地、耕地和流动沙地面积，而没有选择建设用地和未利用地。因为，防沙治沙工程建设区几乎都被划入生态区，严格控制建设用地，而所谓的未利用地在沙区多数归并为流动沙地。而防沙治沙生态建设的主要目的是适当增加沙区的林地、草地面积，并提高其固沙能力，通过减少流动沙地面积，实现沙化土地的逆转。此外，《生态环境状况评价技术规范》中植被盖度指数使用的是DNVI（归一化植被指数）区域平均值，或者使用林地、草地、耕地、建设用地和未利用地的面积数据。而在评价防沙治沙成效时，不同植被盖度的面积结构更具有实际意义。因为，沙化土地的流动性是按照植被盖度的差异进行划分的。通常，植被盖度小于15%的沙地为流动沙地，植被盖度15%~35%的沙地为半固定沙地，植被盖度大于35%为固定沙地。所以，如果选用DNVI区域平均值、或者使用林地、草地、耕地、建设用地和未利用地的面积数据计算植被盖度指数，评价防沙治沙中成效，存在着被低估的可能，而采用不同的植被盖度指标，并赋予不同的权重，计算植被盖度指数能够更好地反映植被固沙成效的客观性。

主要参考文献

白殿军，2003. 乌审旗风沙区牧区治理开发模式［J］. 中国水土保持，(8)：37.

宝金山，丰洁，高丽华，等，2015. 科尔沁沙地近自然林建设模式探讨［J］. 内蒙古民族大学学报（自然科学版），30（6）：491-492，496.

邓时容，2018. 基于草方格沙障与微生物岩土技术的治沙方法［J］. 农林科技（26）：214.

高海燕，闫德仁，胡小龙，等，2023. 纱网沙障对风蚀坑积沙区土壤种子库的影响［J］. 西北林学院学报，38（5）：93-101.

黄海广，闫德仁，胡小龙，等，2018. 浑善达克沙地固定沙丘活化风蚀坑治理技术［J］. 内蒙古林业科技，44（4）：18-24.

刘树林，2007. 浑善达克沙区现代沙漠化过程及其成因机制研究［D］. 兰州：中国科学院寒区旱区环境与工程研究所.

马玉明，姚洪林，王林和，等，2004. 风沙运动学［M］. 呼和浩特：远方出版社.

买发军，白荣丽，2023. 光伏治沙方案探讨［J］. 太阳能，345（1）：30-34.

内蒙古沙产业草产业协会，2022. 内蒙古自治区志·沙漠志［M］. 呼和浩特：内蒙古人民出版社.

聂扬眉，2023. 膨润土和微生物菌剂对毛乌素沙地土壤的改良效应研究［D］. 杨凌：西北农林科技大学.

曲娜，闫德仁，胡小龙，等，2013. 黄柳杨柴混交林固定高大沙丘成效研究［J］. 内蒙古林业科技，39（3）：23-26.

曲娜，闫婷，黄海广，等，2020. 活化风蚀坑沙障固沙技术及植被恢复［J］. 内蒙古林业科技，46（1）：1-7.

王家祥，2017. 内蒙古防沙治沙通鉴［M］. 呼和浩特：内蒙古人民出版社.

闫德仁，2022. 生态环境指数在防沙治沙成效评价中的应用探讨［J］. 防护林科技，220（1）：75-83.

闫德仁，程聪聪，袁立敏，等，2021. 沙障-流动沙地治理技术［M］. 呼和浩特：内蒙古大学出版社.

闫德仁，高海燕，胡小龙，等，2022. 直压立式 PE 纱网沙障土壤种子库特征研究［J］. 内蒙古林业科技，48（2）：13-17.

闫德仁，郭中，胡小龙，等，2019. 沙漠沙地治理技术与原理［M］. 呼和浩特：内蒙古大学出版社.

闫德仁，胡小龙，黄海广，等，2017. 不同几何形状纱网沙障输沙量风洞模拟实验研究［J］. 内蒙古林业科技，43（3）：14-17.

闫德仁，胡小龙，黄海广，等，2017. 纱网沙障对植被恢复的影响［J］. 内蒙古林业科技，43（3）：1-4.

闫德仁，胡小龙，黄海广，等，2017. 直压立式纱网沙障风洞模拟研究［J］. 防护林科技，117（12）：1-4.

闫德仁，胡小龙，袁立敏，等，2016. 浑善达克沙地植被恢复研究［M］. 呼和浩特：内蒙古大学出版社.

闫德仁，黄海广，胡小龙，等，2019. 风蚀坑土壤风蚀控制与植被恢复技术［J］. 内蒙古林业科技，45（1）：1-4.

闫德仁，杨制国，高海燕，等，2022. 直压立式纱网沙障不同取样季节输沙量变化特征［J］. 水土保持通报，42（4）：129-135.

闫德仁，袁立敏，黄海广，等，2020. 直压立式纱网沙障对近地表输沙量及风速的影响［J］. 中国沙漠，40（2）：79-85.

闫德仁，袁立敏，黄海广，等，2021. 乌兰布和沙漠流动沙丘纱网沙障防风效能研究［J］. 水土保持研究，28（2）：198-203.

